U0050119

# 原味太太的寶寶手指食物

Baby Finger Foods

# 原來副食品
# 可以有不一樣的選擇！

拜託再吃一口好不好？拿著食物想送進兒子嘴裡，他雙唇緊閉眼眶充滿淚水，並生氣地揮舞著他的小手，他在抗議，抗議我又想逼他吃飯。廚房裡凌亂不堪，看得出來我剛剛在這裡奮戰了一番 …… 狼狽的母親和憤怒的小嬰兒，這樣的場景是否也在你家出現過？

當以為熬過半夜擠奶的痛，已經沒什麼可以難倒我的時候，準備副食品的難題又狠狠打了我的臉。費盡心思準備的食物泥，小孩不吃就是不吃，或是只吃一餐隔餐就不吃。我不喜歡逼迫孩子做不想做的事，又擔心這樣下去營養可能不夠，每一天在這樣矛盾的心情中，甚至開始懷疑自己當母親的能力。直到我認識了 BLW，開始改變了我的生活。

BLW 打破了我對於副食品的認知，他讓寶寶很早（約 6 個月大）開始學習吃固體食物，並順應著寶寶的成長 —— 6 個月發展抓握能力，就讓寶寶拿著食物條抓著自己吃。寶寶可以感受到吃飯的樂趣，同時也能增進手眼協調、咀嚼能力，並讓照顧者備餐更輕鬆。

而其中最吸引我的一點，是它尊重孩子的選擇，寶寶可以自己決定要吃什麼、吃多少。神奇的是當放手給孩子自主權，讓他們依照自己的步調去探索食物後，拒絕吃飯的情況反而消失了。當寶寶發現自己有能力拿起食物，精準放進嘴裡好好咀嚼，這件事可以帶給他們很大的成就感，也更有自信接受下一次的挑戰。這樣培養獨立和自主性的方式跟蒙式教育有一些像，只是 BLW 可以更早開始。

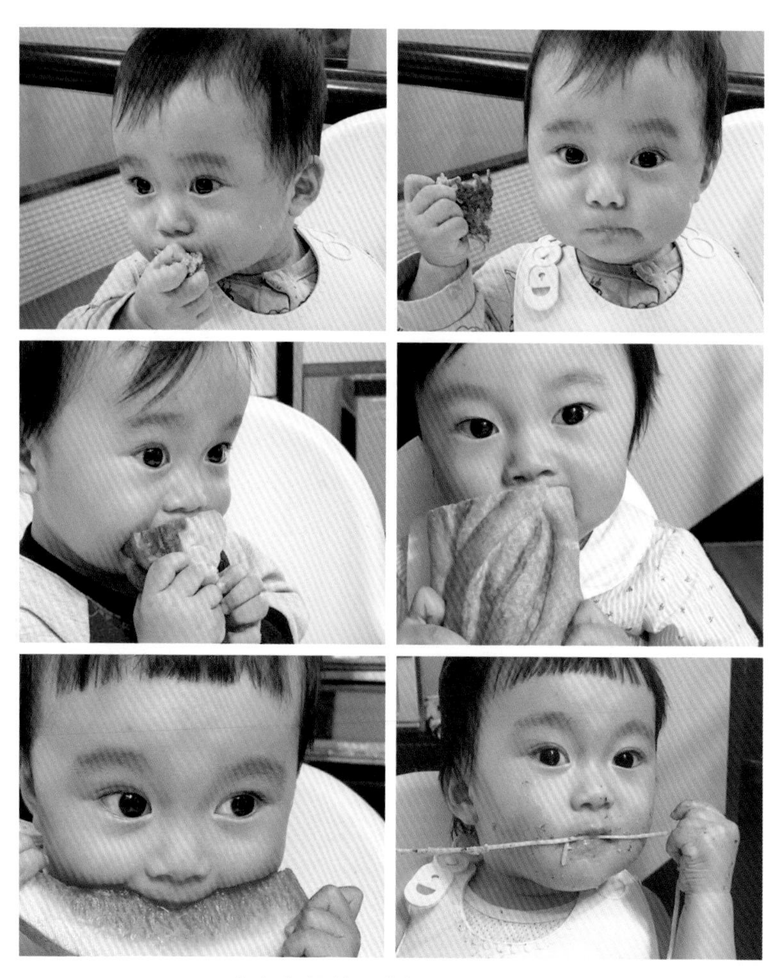

本來看到副食品就抗拒的兒子，開始吃手指食物後變得對吃很感興趣，食慾很好，不太會挑食物。即使現在已經不吃副食品了，也很願意嘗試各種新食材。

當我下定決心讓寶寶嘗試 BLW 時，台灣才剛開始盛行吃手指食物，所以在這方面的資訊相當少，儘管歐美地區好像相當多人了解 BLW，但身在台灣的我根本不知道如何起步，第一個食物要準備什麼？有沒有要注意的安全事項？食物要煮多久才好？

我開始瘋狂查詢資料，參考國外專業網站，親自研究各式手指食物，實際用於自己寶寶身上再從中獲得解答。在這個過程中，我親眼看見自己家的孩子從拒食到變成小吃貨，哪怕現在到了 2 歲這個挑食高峰的時期，他對新食物也幾乎是來者不拒，就算苦的蔬菜也願意嘗試看看。更讓我開心的一點，是餐桌上的親子關係不再緊繃，漸漸培養出良好的用餐氣氛，且孩子和食物之間擁有健康的關係。這樣耳目一新的感受，我希望能帶給所有的父母。

這本書是我濃縮所看到的 BLW 知識，加上親身的經驗，希望讓爸媽們一眼就看懂 BLW 是什麼。這些年我也在我的粉專分享上百道寶寶食譜，收到很多媽媽的回饋，所以在這裡除了會分享我自己曾經做過的無調味寶寶食譜外，也會手把手教如何準備食物、各階段的注意事項等重點知識，還有我彙總上萬媽媽粉絲群所問的手指食物常見問題，幫各位省去一個個辛苦查詢知識的時間，用輕鬆且愉快的心情，跟自己的小寶貝迎接第一個食物之旅。

序言



# CHAPTER 1
## 讓寶寶自己動手吃，順應天性的 BLW 離乳法

## CHAPTER 2
## 開始 BLW ！為寶寶準備營養好吃的手指食物



## CHAPTER 3
## （嘗試期）練習抓握的手指食物 & 處理方式

# CHAPTER 4

## (初期)6～9個月寶寶的手指食物

# CHAPTER 5

## (中後期)9～12個月寶寶的手指食物

# 讓寶寶自己動手吃<br>順應天性的 BLW 離乳法

BLW 讓寶寶從第一口飯就開始自己吃，

自行選擇想吃什麼、吃多少，透過食物啟動感官。

讓寶寶從小就愛吃飯、不挑食，

一起在餐桌上快樂探索，培養獨立自主性！

# 從喝奶到正常飲食，<br>寶寶的「副食品過渡期」

隨著寶寶越長越大，逐漸沒辦法只靠喝奶獲取需要的所有營養，必須學習吃其他的食物。而這段介於喝奶到和大人一樣正常飲食間的過渡期，就需要所謂的「副食品」，也稱為「離乳食」。台灣常見的副食品方式，大致可以分為下面這三種。

## 傳統餵食法

### 泥粥漸進至飯食類

通常傳統餵食法約在寶寶 4 個月大時開始吃 10 倍粥或是米精，先是以泥狀食物和粥類開始，再漸進增加顆粒感慢慢到吃飯。大部分是 4 ～ 6 個月時以米精、十倍粥混合蔬果泥、7 ～ 9 個月過渡到口感軟的寶寶粥、10 ～ 12 個月再依狀況增加顆粒和稠度（類似燉飯的口感）、一歲以上才慢慢接觸到乾飯。由於寶寶長時間食用同一種質地的粥食，且完全由照顧者決定吃多少，到一歲時突然要轉換到固體食物，可能會出現不適應而挑食的狀況，需花費較長時間適應。

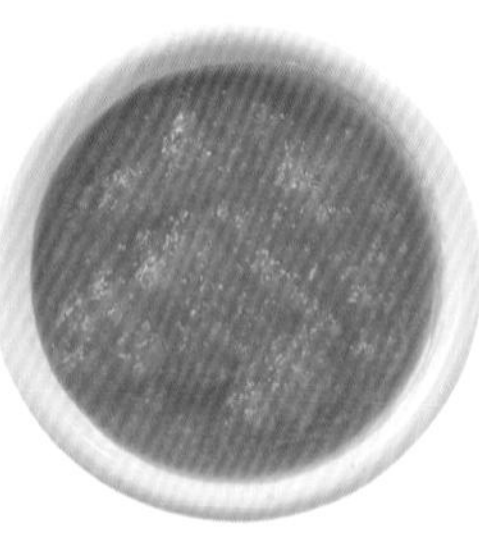
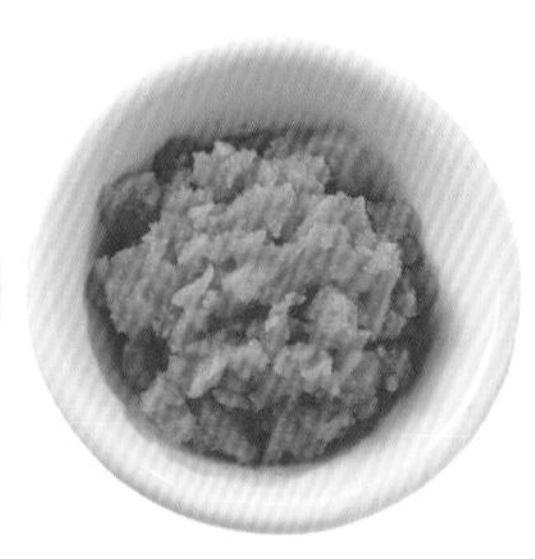

BLW

## 寶寶第一口飯就開始學習自己動手吃飯

讓寶寶從大概 6 個月大，能坐正、好好拿起食物時，就開始學習如何自主進食。食物不需要特別打成泥，通常是餐桌上有什麼，切成合適大小就能給寶寶食用，完全由寶寶主導自己想吃什麼吃多少。大人和小孩可以一同在餐桌上用餐，讓孩子能藉由模仿大人進食的參與感、喜歡上吃飯。由於在 6 個月大就開始學吃固體食物，充分練習咀嚼，因此能很快跟大人吃同樣的食物，也因為咀嚼能力進步、從小嘗試各種質地的食物，挑食的機率也會降低。

| 傳統餵食法 | vs. | BLW |
| --- | --- | --- |
| 食物泥及粥為主 | | 選擇很多，不侷限同質地的食物，跟家人吃同樣的食物 |
| 主導者為大人，由於寶寶常被期待多吃一點，可能會出現過度餵食狀況 | | 大人不干涉，寶寶依照自己的胃口，決定要吃多少、要不要吃 |
| 寶寶單獨吃飯，與家人分開吃飯 | | 不需大人餵食，可以同時跟家人一起吃飯，寶寶更有參與感 |
| 寶寶由吃泥狀轉變到固體食物的過渡期較長 | | 很快就可以跟大人吃一樣的食物 |
| 大約 4 個月大開始嘗試吃泥、米精 | | 跳過吃泥階段，6 個月大直接開始手指食物 |

## TW + FF

## 融合傳統餵食和 BLW 的混合型態

有趣的一點發生了，自從 BLW 傳進台灣後，越來越多父母認同手指食物帶給孩子的好處，產生了一種融合傳統餵食和 BLW 優點的混合派，叫做「TW+FF（傳統餵食法＋手指食物）」。這派父母會將手指食物帶入孩子的副食品中，但不會像 BLW 這麼早（6 個月大就開始給予），可能會先讓孩子吃粥一陣子，到了 8 個月左右（時間依父母而定）再開始手指食物，希望藉由練習，幫助孩子訓練手眼協調、咀嚼能力。

我家寶寶是使用 BLW，但我個人也支持寶寶中途開始吃手指食物的「TW+FF」。因為每個家庭的情況及配合度不同，也不是每個媽媽都像我一樣，能接受孩子 6 個月大就馬上自主進食。所以我認為執著是不是純 BLW 並不重要，父母最在乎的不外乎是孩子能不能開心吃飯。

這本書的目的，是希望父母可以更深入了解 BLW 及其優點，給予正確的手指食物，以及幫助寶寶愛上吃飯。透過這樣的方式，讓為寶寶吃飯而苦惱的父母有多一種選擇。每個孩子都是不同的個體，無法用同一個公式套用在所有人身上，不論選擇哪種離乳法，只要適合自家寶寶的，就是最好的方式。

# 掌握 BLW 基本原則，和孩子一起快樂吃、健康成長！

BLW 這個名詞最早是由 Gill Rapley 博士提出，其實這個概念在更久以前就有了，只是當時沒人取名。BLW（Baby-led Weaning）的中文翻譯叫「寶寶主導式離乳法」，如同字面上的意思，由寶寶主導自己的進食，寶寶的第一口食物就是自己拿著吃、以固態食物為主，打破以往傳統副食品，多由父母餵食寶寶泥狀食物的觀念。而在這個時期寶寶吃的食物，因為要讓他們可以用手抓著吃，因此又稱為「手指食物（finger food）」。

BOX

**BLW vs. 手指食物**

BLW 不等於手指食物。BLW 是一種離乳法，而手指食物是指寶寶可以抓握著吃的食物，如果選擇的是結合「傳統食物泥＋手指食物」的方式，就不會稱為 BLW。

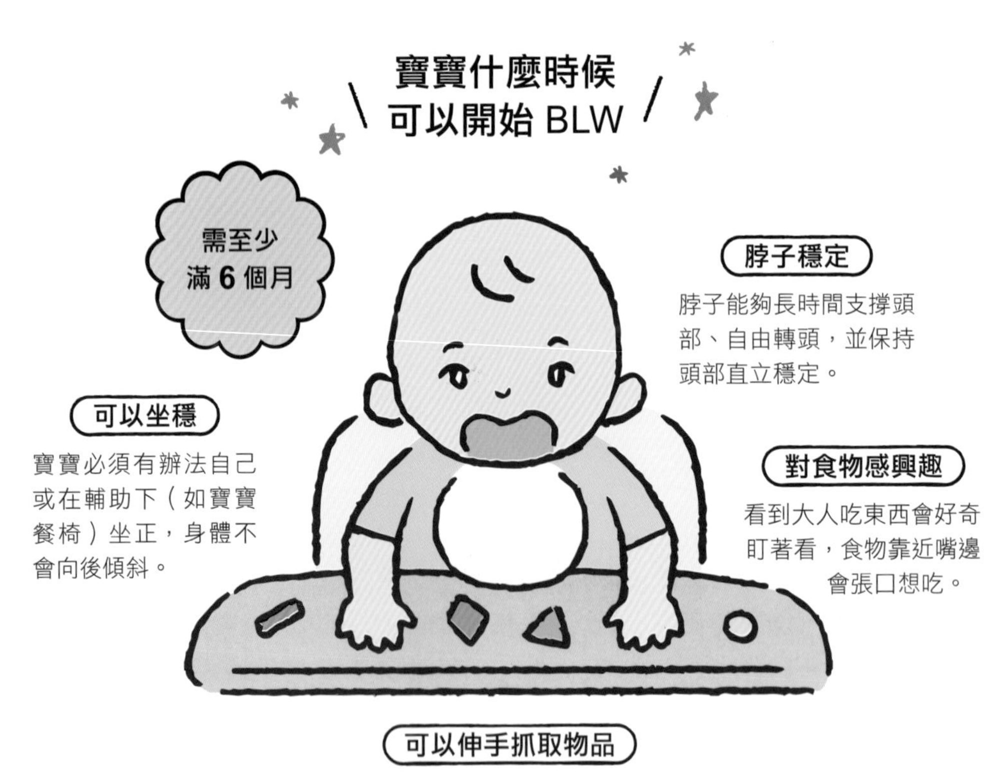

## BLW 的基本原則

### 讓寶寶自己動手吃，自由探索各種食物

以寶寶可抓握的手指食物為主，大人不餵食，讓寶寶自己探索食物，自己決定「要不要吃」、「吃多少」、「吃什麼」。給寶寶一個無壓力的吃飯環境，藉由觸摸和自由的探索，讓吃東西變成一個有趣的遊戲，與食物建立良好的關係，也對食物產生信任。

### 2

### 依照寶寶發育程度，準備不同軟硬度的食物

6～9 個月的寶寶還無法用手指靈活抓取食物，所以這時期多半以長條狀，方便寶寶用手整個抓著吃的大小（手指食物）。9 個月以上的寶寶會開始發展手部精細動作，能用大拇指及食指抓取較小的食物，這時可以依據咀嚼能力將食物切成小塊（依據食材特性決定切法與烹調方式，參考第 38-42 頁）。

### 給寶寶充分的時間，讓他按自己的步調學習

就像學步一樣的孩子，寶寶需要時間練習如何自主進食，BLW 給孩子充分的時間練習，父母只需提供健康且適合寶寶的食物，不催促不強迫，讓寶寶依據自己的步調探索自己的一餐。

### 4

### 讓寶寶跟家人一起用餐，增進親子互動

BLW 寶寶不需要大人餵食，大人就能空出雙手跟孩子一起吃飯。親子共食的好處多，寶寶不用刻意練習，自然就能透過模仿大人的動作學習吃飯的方式。父母可以多跟孩子介紹餐盤裡的食物，除了增加親子互動，也能夠讓寶寶認識食物，這對寶寶來說很有趣。而另一個好處是，由於寶寶跟大人吃同樣的東西，必須減少加工食品、增加更多天然食材，全家人的飲食會一起變得更健康。

# 我選擇 BLW 的原因

BLW 最吸引我的地方，是它給予寶寶選擇權。父母深信寶寶有能力自主進食，自行選擇想吃什麼，自由探索食物不同的味道、口感、質地。在探索的過程中，我發現寶寶吃得很開心，也會因此更樂意去接觸、勇於嘗試各種新食物，大幅降低往後挑食的機率。

寶寶可以透過自主進食學習怎麼準確拿起食物、放進嘴裡，雖然有些挑戰，但進步的過程也能讓寶寶獲得成就感，更有信心接受下一次挑戰。這就是為什麼自主進食的理念漸漸受到喜愛蒙式教育的父母歡迎（尤其歐美地區），因為 BLW 鼓勵寶寶獨立自主。

其他還有很多優點，例如寶寶可以藉由品嚐各種食物質地，幫助訓練舌頭肌肉、咀嚼肌肉、吞嚥能力，以及用手指抓取不同大小食物所需的精細動作、促進手眼協調。此外，對父母而言也更輕鬆，不需要做冰磚每天磨泥，通常用現有食材煮切成適當大小就能完成寶寶的一餐，不需要焦慮計算寶寶一餐吃多少量，或是拿著飯又哄又拜託寶寶吃。餐桌氣氛愉悅，寶寶才能享受吃飯的樂趣，長期緊繃的用餐壓力，可能會導致寶寶排斥吃飯。

# 總結 BLW 的優點

### 1. 培養獨立性

BLW 相信寶寶有能力自己吃飯，並鼓勵他們學習、培養自主性，有了自信心後，遇到吃飯以外的新事物也會更願意挑戰。

### 2. 多方面發展

進食過程中可以練習手部的運作、鍛鍊舌頭運動和吞咽能力。咀嚼的動作也能訓練到孩子的口腔肌肉，有助於未來語言發展。

### 3. 與食物建立良好的連結

吃東西應該是一件愉快的事，BLW 給寶寶一個無壓力的吃飯環境，自己控制吃什麼吃多少，並學會在吃飽時停止，從小培養好的飲食習慣。

### 4. 減少父母壓力

不強迫寶寶進食，父母不必坐在旁邊哄寶寶吃飯，可以減輕父母的焦慮。副食品的準備上也更方便。

### 5. 降低挑食機率

鼓勵寶寶吃各種質地的食物，體驗食物多樣性。相較於長期習慣吃同一種質地食物的寶寶，對新食物的接受度較高，不容易挑食。

### 6. 不用花太多錢

寶寶跳過吃泥這個階段，可以省去副食品調理機、冰磚盒，寶寶的一餐通常可以跟大人一起準備，跟市售嬰兒食品相比，價格也友善許多。

### 7. 可以一起吃飯

不必依賴餵食，媽媽空出雙手後大家可以一起用餐，享受吃飯的過程，寶寶也會透過模仿父母的動作學習如何用餐。

### 8. 外出用餐很方便

不必事先準備食物泥，餐廳多少有寶寶可以吃的食物，例如水煮花椰菜或南瓜、清水燙肉片等等。父母也可以趁溫熱時享用自己的餐點。

### 9. 吃飯更有樂趣

寶寶好奇心很強，很喜歡體驗各式各樣的東西。自主進食給予寶寶很好的機會，去觸摸和品嚐不同口味和質地的東西。

# 調整心態，
# 無壓力展開 BLW 生活！

很多爸爸媽媽雖然想讓寶寶嘗試BLW，卻有點怕怕的。我非常懂這樣的掙扎，當初的我也是一樣。尤其以下這幾點，更是許多爸媽卡關的原因，其實很多時候只是我們不夠了解，轉換一下觀念就會輕鬆很多！

**寶寶這樣吃營養夠嗎？會不會吃太多或太少？**

## 初期以「練習」為主，寶寶天生懂得控制食量

剛開始吃手指食物的前幾週，寶寶可能會先觀察食物、摸摸看、放進嘴裡舔一舔，但實際上卻沒吃到什麼，因此很多爸媽會擔心寶寶營養不足。

請爸爸媽媽放心，**寶寶一歲前的主要營養來源還是奶**，這個階段只是讓寶寶練習，吃多少並不重要。給寶寶多一點時間探索，隨著咀嚼能力進步，他們會越吃越多。

反過來說，也有人擔心不限制食量寶寶會吃太多。這就更不需要擔心了，因為**寶寶天生就知道餓了要吃，吃飽要停止**，這從喝母奶的寶寶就可以看出，他們飽了就會停止吸吮乳房。

寶寶會吃太多，通常是父母期望寶寶多吃一點，用轉移注意力、哄騙的方式多餵一口，或是不希望浪費食物而餵超過需要的量。BLW 寶寶可以完全按照自己的步調決定吃多少、吃多快，所以不太會有過度進食的情況。

寶寶一直發出作嘔聲，BLW 容易噎到很危險？

## 「作嘔」不是「噎到」，BLW 不會增加噎到風險

很多人擔心寶寶自己吃飯容易噎到，這是因為對 BLW 還不了解。目前已經有研究指出，BLW 噎到的風險不會比傳統餵食高，而是許多人誤把寶寶的「作嘔」當成「噎到」。

**「作嘔」是一種防止噎到的反射機制，當食物塞得太深時將食物推向前，讓我們可以繼續咀嚼或吐出，也可能因此臉色脹紅、用力咳嗽、發出作嘔聲。**

寶寶相較於大人，作嘔的觸動點更前面，這個觸動點會隨著年紀慢慢往後，所以作嘔很常出現在初期練習手指食物的寶寶身上。這是學習咀嚼和吞嚥的過程，將太大口的食物推出，讓寶寶知道下次不能吃那麼大口。

通常寶寶吐出食物後就會停止作嘔，他們似乎也不太在意，會繼續把食物吃完，**千萬不要試圖去將寶寶口中的食物挖出**，這是很危險的，先冷靜並鼓勵寶寶把太大口的食物吐出來。

至於「噎到」則完全是另一回事，因為食物卡住呼吸道，寶寶會很安靜無法發出聲音，而且臉色發紫，這種情況非常危險，需要照顧者立即介入，使用嬰兒哈姆立克法。**BLW 並不會增加噎到的風險，但學習哈姆立克法是每個照顧者必備的**，因為不管多大的孩子還是有可能誤食異物，例如：彈珠、銅板、小玩具，事前先練習好才能在緊急時及時給予幫助。

### ★ 如何分辨寶寶作嘔與噎到 ★

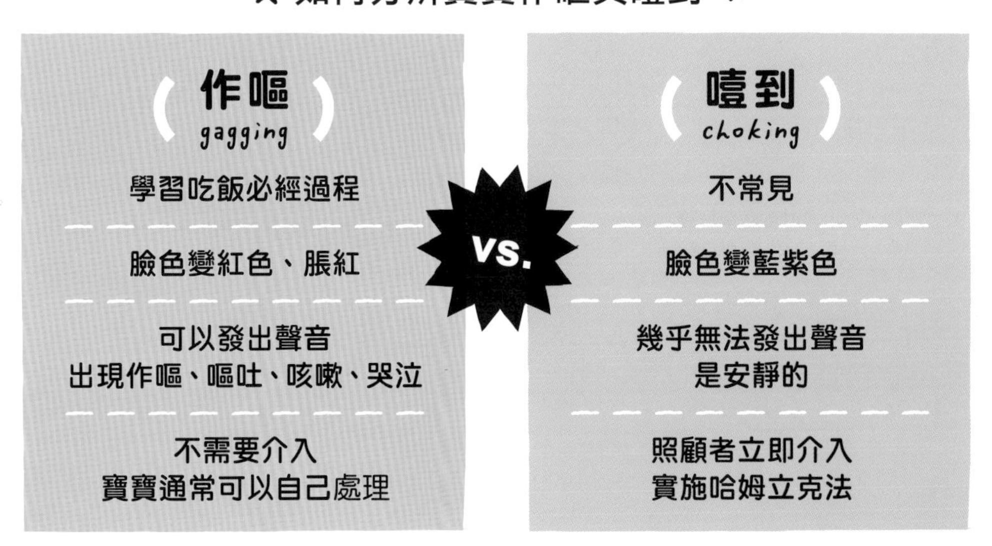

| 作嘔 gagging | 噎到 choking |
| --- | --- |
| 學習吃飯必經過程 | 不常見 |
| 臉色變紅色、脹紅 | 臉色變藍紫色 |
| 可以發出聲音<br>出現作嘔、嘔吐、咳嗽、哭泣 | 幾乎無法發出聲音<br>是安靜的 |
| 不需要介入<br>寶寶通常可以自己處理 | 照顧者立即介入<br>實施哈姆立克法 |

### 寶寶一定會吃得亂七八糟嗎？想到要收拾就害怕

## 髒亂只是短暫的練習過程，每個孩子都會經歷

很多人抗拒 BLW 的原因，是因為寶寶會吃得到處都是。這在寶寶剛開始練習自主進食時是很正常的事。但每個小孩都會有把食物吃得亂七八糟的時期，就算是傳統餵養的寶寶，到了一歲還是得自己吃飯，那時也是會經歷這個過程。

希望大家能理解的是，**這個髒亂的時期並不會持續太久**，父母肯讓孩子練習，孩子才有機會進步，也能更快掌握到進食的技巧。後續篇章也會推薦方便清潔的餐具（參考第 55 頁），所以清潔並不是個大問題，相較於 BLW 對於寶寶未來成長的好處，經歷一小段髒亂的時期也是值得的。

### 想要執行 BLW 或讓孩子吃手指食物，但家人反對？

## 用溝通取代爭執，也可以改用折衷方式進行

這點跟 BLW 本身無關，卻是台灣很多家長遇到的問題。「寶寶吃得好髒這樣不行」、「這樣吃不能消化」「沒牙不能吃固體食物」……準備手指食物的媽媽一定多少聽過類似的話吧？會出現這樣的狀況，多半是對於手指食物的不了解，這時候我們自己必須清楚明白手指食物的規則及安全大小，面對不被理解的情況時才有機會溝通。

可以多說說手指食物的優點，例如：給寶寶手指食物可以幫助孩子減少挑食、幫助手部發展、建立自信等等，相信經過說明後，大多數人都能尊重。

若溝通無效，也請不要焦慮或為此破壞家庭和諧，還是有辦法解決。平時由其他家人照顧時可以餵食，自己顧再準備手指食物，等寶寶練習得更熟練再讓大家看看成果，並討論之後可以讓寶寶自己吃。

# 最多爸媽問我的 BLW & 手指食物問題

## Q1 BLW 和傳統餵食，我該選擇哪一種？可以同時進行嗎？

相信在前面篇章的說明大家已經了解 BLW 並不是單純讓寶寶吃固體食物，它所提倡的精神是讓寶寶有吃飯的自主權，可以選擇自己想吃什麼、吃多少。傳統餵食是由父母決定寶寶要吃多少，所以並不存在兩者同時進行，因為當你決定要讓寶寶 BLW，就代表你把吃飯自主權交給孩子且相信他可以做到，並不會一下相信一下不相信。

## Q2 我的寶寶已經超過 6 個月了，還來得及吃手指食物嗎？

當然可以，很多媽媽會讓讓寶寶先吃粥，大一點再吃手指食物。雖然已經被餵食過不能稱為 BLW（應該稱為「TW ＋ FF」），但仍然可以學習 BLW 的精神給寶寶自主權，不需要執著於是不是「純 BLW」。

## Q3 寶寶的大便有塊狀食物，真的有吸收養分嗎？

寶寶一開始的咀嚼能力還不太好，大便中有食物塊是正常的，且人本來就無法完全消化纖維，所以很常看到糞便中有玉米、紅蘿蔔、金針菇，但還是可以吸收到食物的維生素和養分。隨著咀嚼能力進步，寶寶能夠完整咬碎食物，糞便的食物殘渣也會漸漸變少。

# Q4 寶寶一直玩食物該怎麼辦？

有些寶寶在探索的過程喜歡一直玩，甚至丟食物在地上，很多媽咪因此很氣餒，覺得寶寶不喜歡吃手指食物。先別急著這麼想，也有可能是下列這些原因：

**1. 寶寶根本不餓**

有些媽咪怕寶寶餓就給他喝很多奶，導致要吃副食品時寶寶根本不餓，所以拿到食物只會玩它、丟它，就是不願意吃它。可以調整奶量，讓寶寶在吃副食品前有點小餓，看到食物自然會更願意去吃它。

**2. 寶寶還不知道要怎麼吃**

建議父母一起吃、示範給寶寶看。準備一道親子都能吃的餐點，例如香蕉鬆餅，媽咪可以用誇張的方式吃給寶寶看，示範用手拿起食物放進嘴中咀嚼，寶寶很愛模仿大人，他會覺得有趣極了。我時常這樣跟孩子一起吃飯，他很享受這個過程也樂於模仿，很快就掌握到技巧，開心又好玩。

# Q5 BLW 寶寶不能吃泥狀食物嗎？

很多人以為 BLW 寶寶不能吃粥和吃泥狀食物，那有沒有想過一個問題，BLW 難道不能吃優格嗎？答案是可以。BLW 不會特別準備泥狀食物，不代表寶寶不能吃粥，很多國外媽咪會準備希臘優格或是濃稠的燕麥粥（比較容易依附在湯匙），讓寶寶自己拿著湯匙吃，這也是一種訓練自主進食的方式，重要的是讓寶寶自己學著吃。

# Q6 從多大開始要改用餐具？

一般會等到寶寶可以靈活用手抓取食物來吃後再練習餐具，通常是 10 個月大以後。這裡也提供一些方法，幫助寶寶使用餐具更上手：

**1.** 剛開始先用小湯匙幫寶寶挖好食物，把湯匙拿給寶寶，讓他學著自己放入口中吃，推薦希臘優格或是地瓜泥這種比較不容易從湯匙滑落的食物，寶寶練習時比較有成就感。

**2.** 在練習真正的餐具前有個預習的方法，就是把食物當作沾棒，例如用蒸熟的小黃瓜、紅蘿蔔條、甚至是烤過的土司切成長條，讓寶寶拿著去沾取優格、醬汁或濃湯吃，可以幫助寶寶更快學會握湯匙。

## Q7 寶寶一餐要吃多久？

比起父母餵食，讓寶寶自主進食的時間一定會比較久，但這是探索的過程，如果寶寶吃得很開心就不需要打斷他，當寶寶吃飽了或是不想吃時會表現得很明顯，開始吵著要下餐桌或是不吃飯瘋狂亂丟食物，這時再讓寶寶下桌即可。沒有固定時間，完全遵照寶寶的指示。

## Q8 寶寶喜歡塞滿口食物怎麼辦？

這方面的困擾我很了解，因為我的寶寶也喜歡把所有食物塞進嘴中，像隻倉鼠一樣臉頰鼓起來。首先父母要先建立「這樣很正常」的觀念，寶寶一開始還不清楚嘴裡可以放多少食物，但隨著練習就會逐漸好轉，所以千萬不要用手去挖寶寶嘴中的食物（這樣很危險！）。這裡有一些方式可以幫助解決：

**1.** 不要在盤中放太多食物，一次給 1 ～ 2 樣，吃完再給。

**2.** 寶寶吃飯時，大人可以提醒寶寶要咀嚼，示範咀嚼的動作給他看。最好是跟他一起吃飯，並給他一杯水，提醒他喝喝水幫助吞嚥。

**3.** 當寶寶嘴中塞滿食物時，大人可以做舌頭用力伸出的動作，教導寶寶把過多的食物吐出來。

## Q9 寶寶需要牙齒才能吃固體的食物嗎？

常常有媽咪問，寶寶還沒長牙可以吃固體食物嗎？或是我的寶寶只有下面兩顆牙能不能吃手指食物？答案是可以的。寶寶的牙齒在媽媽懷孕時就已經在發展，出生時牙齒已經長好在牙床裡，所以寶寶的牙齦非常有力，用來咀嚼食物沒有問題。

# Q10 一次只可以給一種新食材嗎？高敏食物需不需要延後吃？

以前的觀念是寶寶一歲前要避免接觸高過敏食材，但現在觀念已經翻轉，除了蜂蜜外，其他天然食材都可以吃。4 ～ 9 個月是寶寶訓練免疫耐受性的時期，這時多嘗試反而可以降低寶寶對這個食材的過敏機率，包括蛋白、海鮮、堅果類等高敏食物。

至於需不需要每一種食物都試敏，其實不用這麼嚴格，一次給 2 ～ 3 種新食材少量嘗試，沒有過敏反應就可以加入日常菜單。若是很擔心，當然也可以將容易過敏的食材單獨試敏。

# Q11 我是被傳統餵食法養大也吃得很好，為什麼要吃手指食物？

曾經有媽媽問我寶寶一定要吃手指食物嗎？看大家都這麼做自己沒做是不是對小孩不好？親愛的媽咪請不要感到焦慮，我們不需要比較傳統餵食和手指食物誰比較好，每個寶寶獨一無二，有的寶寶用傳統餵食餵養得很好，有些寶寶則樂於自己探索食物。手指食物是提供多一種副食品的選擇方式，若父母也認同這個理念就可以嘗試看看，只要適合自家寶寶就好了。

# Q12 為什麼我的寶寶吃手指食物很不順利還會大哭？

寶寶吃飯哭有很多原因，可能是當下沒睡飽或是心情不好，還有剛接觸手指食物的寶寶也常因為無法準確拿起食物放入嘴中，感到挫折而哭。所以初期要提供好抓握的食物，建議要柔軟，但不能一捏就碎。還有，寶寶餓就會生氣，所以剛開始練習時不要讓寶寶太餓，先給他足夠的時間慢慢玩，經過一次次的練習，寶寶會越來越熟練技巧，吃下更多的食物。

COLUMN

# 這些寶寶們，都是吃手指食物長大的！

一起來看看孩子們吃得有多開心吧！也來聽聽爸爸媽媽們嘗試讓孩子吃手指食物後，有什麼樣的心得感想。

### 小噗（拍攝月齡：7 個月）

6 個月就開始讓她吃手指食物到現在快 8 個月。

從一開始食物擺上桌，她完全不知道要做什麼，到現在一端上就開始抓起食物並且精準進嘴巴，還懂得選擇食物，而不是隨便亂抓，每天都可以看到她多進步一點，真的很開心。除此之外也發現不太會流口水了，好像因此知道怎麼把口水吸回去。

可以讓寶寶自己開心的探索食物、大人也能好好的坐下來和她一起同桌吃飯，是讓我覺得嘗試手指食物最棒的地方～

### 發發（拍攝月齡：8 個月）

從出生前就決定跟隨朋友的腳步，成為 BLW 寶寶。6 個多月能坐穩後，開始我們一家的 BLW 之路。第一天，爸爸還有點害怕與猶豫，最後還是決定相信媽媽，也相信寶寶有可以自主進食的能力。

我們只需要每餐提供 4-5 種不同的食材，寶寶自己會決定要吃什麼，吃多少。每天，寶寶的進食時間總是非常快樂，一邊用手探索，一邊用食物認識世界，爸媽也很輕鬆不用追著孩子餵食，食物都是準備跟大人一樣的東西，只是寶寶那份的調味注意控制一歲前跟一歲後的鹽分攝取量即可。

也可以利用水果或是一些香料等來增加食物的風味喔，照片中的雞翅就是使用鳳梨醃一晚上後再烤給寶寶吃，寶寶非常喜歡，曾經一餐吃了 6 隻雞翅，食慾的部份讓媽媽很欣慰。帶出門吃飯總是餐廳的焦點，每次都讓餐廳老闆驚呼連連，連一開始有點擔心的長輩們，都覺得寶寶願意自己吃、會自己吃、愛自己吃真的是太棒了！

**冬冬**（拍攝月齡：9 個月）

對媽媽我而言，寶寶只是比較小的人類，擁有自己的意志與想法，也應予以尊重，所以手指食物，正符合我期待的教養觀念。

於是從冬冬六個月開始，幾乎都提供手指食物，而冬冬也很快就愛上這種擁有主控權的感覺，吃飯也成為他最期待的事。每次坐上餐椅後，還會拍打桌子，催促著我們將餐點端上來；看到餐盤上有新的食物時，也會積極嘗試。

每次看他津津有味自己品嚐著餐點，就覺得自己做了正確的選擇，也希望他永遠都能擁有這麼美好的用餐時光。

**小米果**（拍攝月齡：7 個月）

果果從 4 個月起開始接觸副食品，可是待 6 個多月時才比較願意吞嚥，現在讓他嘗試手指食物主要是希望他能摸索自己想咬的食物，而非不情願的被動餵食。

看他從一開始原封不動，漸漸每樣食物摸一輪到終於願意放入嘴中時，總覺得孩子的成長都在那無形之中。育兒每個階段都有不同挑戰，媽媽也是跟著孩子從中學習成長，手指食物除了能訓練寶寶手眼協調並且能讓孩子從中發現吃東西的樂趣！而且也讓媽媽備餐變得更加輕鬆，是育兒的好選擇。

**安安 Ian**（拍攝月齡：8 個月）

Ian 8 個月的時候開始吃手指食物，感受食物的原味、不同質感。第一次吃雞腿的時候完全手足無措，只當它是固齒器，逐漸到可以自己去探索感受吃東西的樂趣。

他很喜歡吃水果，大部分都不用搗爛剪小塊，吃得津津有味！而且對我們吃食物都感興趣呢。現在愈來愈可以跟小孩一起享受餐桌時光。

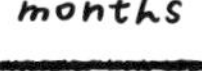

### 小乖（拍攝月齡：11 個月）

我家寶寶現在 1 歲半，自從 6 個月多開始吃手指食物之後就沒有再餵食過了，在家及外出時都可以全家一起用餐！

對他而言，吃東西是一件非常開心的事情！他可以自己選擇想吃什麼、用餐的順序、速度，外出時不用追著餵，也都不需要拿出 3C 來安撫，自己可以乖乖坐在餐椅上把食物吃完！

雖然常常有路人一開始會質疑（會不會咬、怎麼不是吃粥泥），但看到他開始吃之後就都會大力稱讚他（會咬、會自己吃）！吃手指食物之後，媽媽幾乎都可以很輕鬆！雖然一開始常常吃到亂七八糟，但是優點絕對是遠多於缺點的！

### 稀稀（拍攝月齡：6 個月）

在照顧孩子上我很重視「尊重」、「自主」，餵飯對孩子是很被動的，明明知道不能勉強孩子進食，卻很容易要求孩子把飯吃完，看見碗裡還有剩就想再試一口。

手指食物能讓孩子自己選擇想吃什麼、要吃多少，全權自己決定。從中還可以觀察孩子抓握的能力去調整食物的形狀，也可以發現孩子喜歡吃什麼，當孩子在學習吃飯的時候媽媽也一起在學習如何為他準備更好拿、更好入口、更有吸引力的食物，很喜歡一起成長的感覺。

### 問問 & 想想（拍攝月齡：24 & 9 個月）

問問想想都因為不想吃粥，開啟了手指食物之路，我也開始研究問問和想想會喜歡的手指食物，從擔心噎到、媽媽當跪婦，到現在不會吃到滿地都是，每個階段都會突然發現孩子長大了！

現在的問問拿著餐具和我們一起吃飯，想想也看著姐姐吃飯進步得很快，期待長大後一起吃遍各種美食。陪小孩成長的過程，爸媽也不斷在學習。

孩子，讓我們一起快樂地學習成長吧！

**菲菲**（拍攝月齡：7 個月）

菲菲對食物很有興趣，會觀察盤中的食物，嘗試拿取後，就會往嘴裡送。雖然剛開始吃不了多少，作嘔反應也較明顯；但經過多次練習，她慢慢進步到幾乎完食。

讓孩子自己嘗試，不做過多的幫忙，相信寶寶絕對有足夠的能力去主導吃飯這件事情；大人也能放輕鬆，一同享受用餐時刻。

**菜脯**（拍攝月齡：14 個月）

手指食物不僅訓練菜脯的抓握、咀嚼能力還有專注力，也讓我更喜歡鑽研食譜。雖然最剛開始的作嘔反應讓大人們看得很緊張，但不要因為這樣就讓小孩失去學習的機會。

現在菜脯已經可以很輕鬆地自己啃雞腿甚至清空餐盤。其實不只小孩知道自己慢慢在進步，在這過程中我也跟他一起成長了，很慶幸當初有選擇放手讓他嘗試，也因此學到很多新食譜。終於可以一起享受吃飯時光囉！

CHAPTER

baby

# 2

finger foods

# 開始 BLW ！<br>為寶寶準備營養好吃的<br>手指食物

手指食物不需要特別準備食材、簡單方便，
絕對是爸爸媽媽在育兒大戰中的強力夥伴。
輕鬆掌握基本原則＆食物搭配方式，
隨時都能快速出餐、讓孩子吃得營養又健康！

# 滿足發育需求！
# 寶寶餐的營養組合

理想中的寶寶一餐，須包含均衡的飲食：**全穀雜糧類**、**豆魚蛋肉類**、**蔬菜水果**、**乳品類**及**健康的脂肪**。我每一餐至少會準備 3 種不同類別的食物，例如：藜麥飯糰（全穀雜糧）、寶寶肉排（豆魚蛋肉類）、燙青菜（蔬菜水果類）。

只要家裡的人吃得均衡，基本上要滿足這些營養並不難。還有一點要注意，就是**盡量給寶寶多樣化的營養**，可以多試試各種不同的食材，不要每週都固定吃同樣的食物。以下是各個類別的食物舉例：

## 全穀雜糧類

### 白飯、藜麥、燕麥

白飯不太好抓握，因此我常常做成飯糰。精緻白米營養比較少，推薦在飯糰中加入一些含鐵質的藜麥、或是富含纖維的燕麥。燕麥也可以加入果泥煮成濃稠一些的甜燕麥粥，給寶寶一根小湯匙讓他自己挖著吃。

### 麵條

建議選擇「無鹽麵條」，一開始準備寬麵或是螺旋麵，會比細麵更好讓寶寶抓握。有些寶寶覺得單吃沒味道，不妨試試麵線煎（參考第 98 頁），或是加入肉和菜製作麵條丸子（參考第 101 頁），也可以加一些有甜味的南瓜泥增加風味。

### 南瓜、地瓜、馬鈴薯、山藥

台灣大部分主食都是米飯，因此有些人認為寶寶一定要吃飯才營養，但並不是這樣的，我也喜歡給寶寶地瓜、南瓜等澱粉類食材，它們比精緻白米含有更多的纖維和維生素。寶寶們偶爾換換不同主食，營養也會更多元。

## 豆魚蛋肉類

### 豆類

豆類推薦板豆腐，最簡單的作法是煎熟切條，不會一捏就爛。豆類還有鷹嘴豆、毛豆、紅豆等，但須注意這類又小又圓的食物不能整顆給寶寶，可以壓成泥塗抹在土司、加入醬料或是切碎放入料理中。

### 雞蛋

我很推薦讓寶寶吃「醜蒸蛋」，將蒸蛋的水比例減少（蛋和水約 1：0.5），蒸熟後切成條，做成可以讓寶寶用手拿的蒸蛋。也可以混入一些切碎的蔬菜做成煎蛋，切成長條。

### 魚肉

準備魚肉則須注意把魚刺挑乾淨，或購買市售的寶寶魚片。

### 肉類

豬、牛、羊、雞肉都可以吃，建議選擇較低脂的部位。通常肉類有兩種作法：一是打碎做成漢堡肉排或肉丸，二是直接切大塊給寶寶抓著吃，例如把牛排煎熟切長條狀，雖然一開始寶寶咬不斷只能吸吮肉汁，但肉汁也有營養。初期不建議用火鍋肉片，肉片薄但有韌性，寶寶容易咬斷卻很難咬碎，反而會嗆到，可以等咀嚼能力更熟練後再嘗試。

BOX

**鐵質是容易被忽略的重要營養素**

寶寶缺鐵可能會出現貧血、疲倦、焦躁不安等問題。寶寶在 6 個月大時，儲存在身體裡的鐵質會慢慢消耗，無法只靠喝奶補足鐵質需求，所以須利用副食品時加以補充。牛豬肉、菠菜、動物肝臟、芝麻、紅豆、燕麥、添加鐵質的嬰兒米精等等，都是鐵質含量高的食物，可搭配富含維他命 C 的食物，能幫助鐵質的吸收。

## 乳品類

### 牛奶、優格

一歲前的寶寶不能用牛奶取代配方奶或是母奶，但可以少量加入料理中。優格也是很棒的乳製品，可以準備一支小湯匙讓寶寶挖著吃，也是練習自主進食的方式，但記得選擇無糖、添加物少的，若是怕太酸可以加入一些水果泥。

### 起司

起司含有豐富鈣質，歐美地區的媽媽很早就會將起司加入寶寶的料理中。給寶寶吃起司需要注意的是鈉含量，建議選擇低鈉且添加物少的天然起司（我們平常吃的起司片通常是再製起司，為了讓口味更好多半會加一些食品添加劑）。低鈉的天然起司直接吃味道較淡可能會有一點苦味，推薦加入料理中食用。

## 蔬菜水果類

蔬菜水果幾乎都可以吃，但要注意蘋果、紅蘿蔔、小黃瓜等口感硬脆的蔬果，必須先煮熟。

尤其蘋果最容易讓人誤解。準備初期手指食物時，很多人會給寶寶生蘋果條，其實這樣是很危險的，因為硬脆的生蘋果切成條後，寶寶很容易一口咬斷，在還不熟練咀嚼的情況下直接滑入喉嚨。

剛開始如果要讓寶寶嘗試硬脆的食物，必須先蒸熟，讓它變軟到筷子能輕易插過去，或是放入口中用舌頭頂住上顎可以輕易壓碎的程度。而葡萄、小番茄等外表圓又滑的食物，不可以整顆給寶寶，需要切成 1/4 的大小才安全（建議中後期再給予）。

## 脂肪（健康油脂）類

### 橄欖油

寶寶開始吃副食品後就可以添加一些油，一般會推薦植物油當中不飽和脂肪酸含量最多、含有多種維生素的橄欖油，或是酪梨油、亞麻籽油、核桃油，可以加入寶寶飯糰或是麵裡。

### 堅果類

堅果含多種營養，包括不飽和脂肪酸、膳食纖維、維生素 E 等，但是太過堅硬，不可以整顆給寶寶，建議試試以下方法：將堅果磨成細粉加入料理，例如鬆餅或是飯糰；製成堅果醬，塗抹在吐司上或是加入料理中。

# 配合成長階段
# 給予適當的手指食物

在開始手指食物前，父母必須要對於手指食物有安全大小的認知，跟傳統餵食很不同的是，**初期手指食物越大就越安全**。傳統餵食是先從泥狀食物漸漸到有顆粒感的食物，食物是由小變大；而初期手指食物則相反，是由大到小。

**寶寶吃手指食物並不危險，往往是給予不安全的食物才會造成危險**，這點傳統餵食的寶寶也是一樣的。例如圓圓的、堅硬的、很滑的食材容易噎到，但這不代表不能吃這些食物，而是需要經過適合的處理再給予。我們需要熟知給予食物的規則，透過適合寶寶月齡的方式來準備食物。

## 不同階段的食材處理方式與大小

### 6～9個月寶寶的手指食物

月齡小的寶寶還無法用大拇指和食指精準抓起食物，通常是用整個拳頭去抓握，所以這時期的**手指食物的大小和長度大概跟兩根成人手指一樣，寶寶抓起時食物可以從拳頭的上下方露出來**，寶寶才能盡情地啃咬它。此外，**硬食材必須煮軟，軟到用舌頭頂住上顎可以將食物壓碎的程度。**

手指食物大小
約同成人的兩根手指頭

## 9～12個月寶寶的手指食物

寶寶大約9個月大時會開始發展手部精細動作，漸漸能用食指和拇指撿起更小的食物，咀嚼能力也比上個階段更熟練，可以試著**將食物的大小從又長又寬的大塊狀變小，改切比較小塊或是切成薄片**。

這個階段的食物還是要**煮至柔軟**。需注意的一點是，如果你的寶寶是從這個時期才**第一次接觸手指食物，建議先從6～9個月的食物準則開始練習**比較安全。

## 12個月以上寶寶的手指食物

寶寶從6個月大開始吃手指食物，隨著練習，在一歲時咀嚼能力一定有相當大的進步，這時可以鼓勵寶寶嘗試**更多口感的食物**，例如脆脆的、外酥內軟的、多汁的，能夠帶給寶寶更多感官上的刺激。

但需注意，這個時期給予的食物仍要避免圓圓、堅硬的、很滑的東西，**食物雖然可以做調味，但還是要避免過鹹過油膩**。如果寶寶這時還在由父母餵食，應該趕快開始學習自主進食。

# 常見食材的階段處理法

雞蛋
egg

6~9 個月

醜蒸蛋（蛋：水＝1：0.5）
or 煎熟，切長條

9~12 個月

煎蛋切小塊
or 水煮蛋切 1/4

牛肉
beef

6~9 個月

不易咬斷的厚肉排
（供寶寶吸肉汁）
or 漢堡排

9~12 個月

肉絲

玉米
corn

6~9 個月

整根

9~12 個月

玉米粒切碎加入料理
（如：玉米煎蛋）

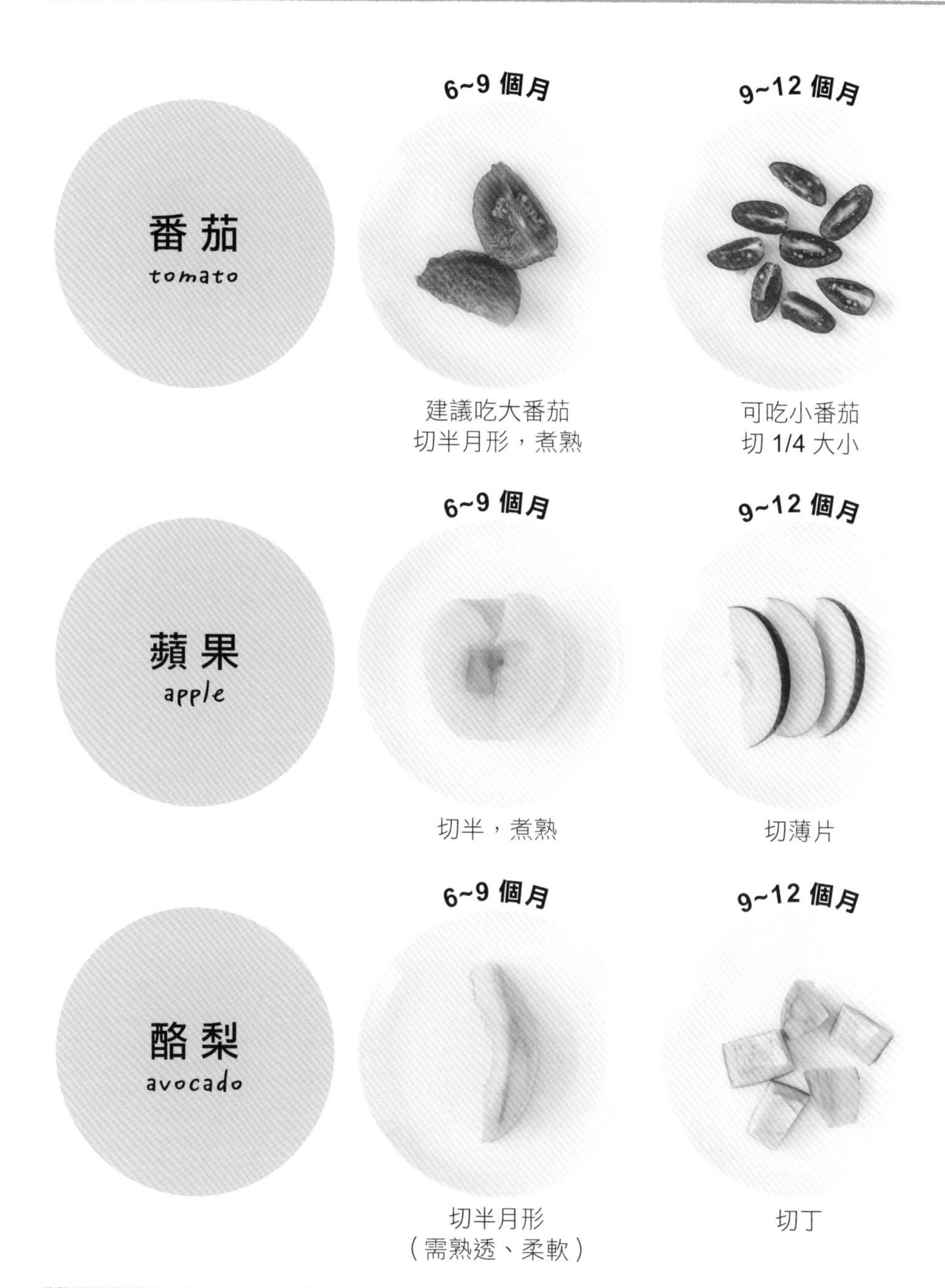
番茄
tomato
6~9 個月
9~12 個月
建議吃大番茄
切半月形，煮熟
可吃小番茄
切 1/4 大小
蘋果
apple
6~9 個月
9~12 個月
切半，煮熟
切薄片
酪梨
avocado
6~9 個月
9~12 個月
切半月形
（需熟透、柔軟）
切丁

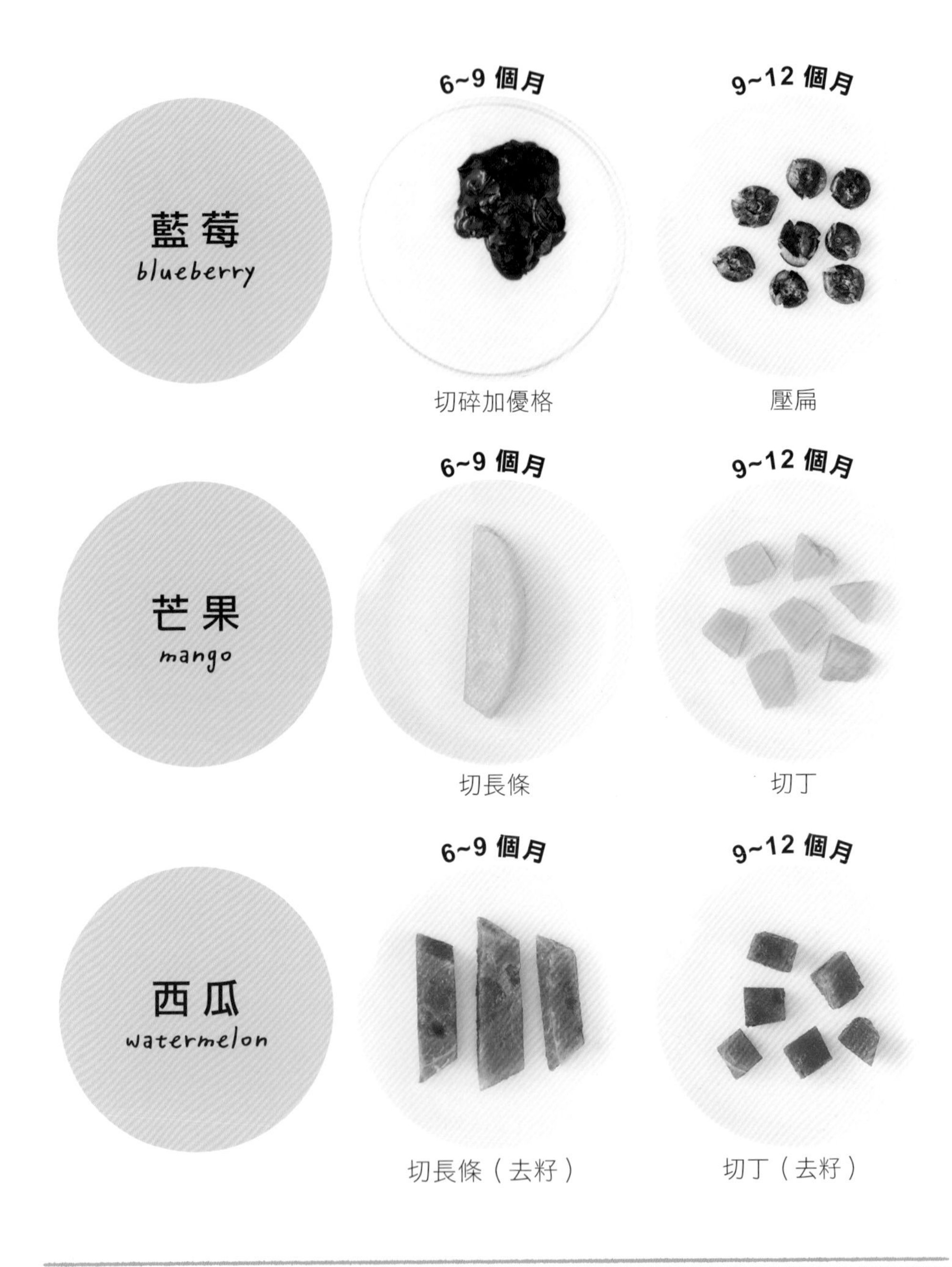
藍莓
blueberry
6~9 個月
切碎加優格
9~12 個月
壓扁
芒果
mango
6~9 個月
切長條
9~12 個月
切丁
西瓜
watermelon
6~9 個月
切長條（去籽）
9~12 個月
切丁（去籽）

手指食物的月齡只是參考，
實際上每個寶寶的發展都不一樣，
有的寶寶很快掌握咀嚼訣竅進入下一階段，
也有些寶寶會花比較多時間探索。
請依照自家寶寶的狀況調整，
給孩子充分的時間學習！

# 寶寶不能直接吃的 NG 食物

副食品觀念近年來改變許多，以前都會強調一歲內不能吃蛋、海鮮等高敏食物，但經過研究後卻發現，在寶寶 4 ～ 6 個月時少量多樣接觸各種天然食材，反而能夠降低往後過敏的機率。不過，還是有幾樣食物必須避開，爸媽們要多留意喔！

## 容易噎到的食物

可能噎到的食物通常會符合以下特徵：**小小圓圓的、滑滑的、堅硬的**。這樣的食物很容易堵住寶寶的氣管造成窒息，但並不是說寶寶不可以吃，而是要把它們改變成安全的大小。下列會告訴大家有哪些屬於高風險食物以及如何調整。

### 硬蔬菜

像是紅蘿蔔、小黃瓜，剛開始練習不要給生的，需先煮軟到可以用筷子輕易插過去，把食物放入口中頂住上顎可以輕易壓扁的程度。

### 脆硬水果

例如蘋果、水梨，需先煮軟到可以用筷子輕易插過去，放入口中頂住上顎可以輕易壓扁的程度，或是切細絲加入鬆餅。等寶寶咀嚼能力變好（大約 9 個月後）就不用煮過，改切成很薄的薄片。

### 有籽水果

像是龍眼、荔枝、釋迦、櫻桃，它們的籽都又圓又滑又硬，一定要確實去除。

### 圓滑水果（葡萄、小番茄）

切成 1/4 大小再給予。不過 9 個月大以前的寶寶還無法用手指拿起太小的東西，所以建議 9 個月以上再給。初期可以將小番茄切碎加入煎蛋中。

### 小顆的圓滑水果（藍莓、莓果）

藍莓先壓扁再給予，但由於形狀比較小，所以建議給 9 個月以上、已經能用拇指和食指抓取食物的寶寶。

### 硬堅果

磨成粉（需磨細一些不要有大塊顆粒）加入鬆餅和煎餅中，或是製成堅果醬。堅果醬需注意不要太濃稠，這樣不好吞嚥，可以選擇加入料理中或塗薄薄一層在麵包上。

### 豆類

像是鷹嘴豆、黑豆、青豆，不要整顆給寶寶，建議壓成泥做成沾醬，或是切碎加入料理中。

## 高鈉食物

**一歲以前寶寶的副食品不需要加鹽**，遇過有些長輩覺得沒加鹽沒味道，但其實沒有這個必要。天然食材中本身就含有鈉，而且也有許多能增添風味的食物，例如：地瓜、香蕉、南瓜等有甜味的蔬果。**寶寶接觸過多鹽會讓腎臟負荷過大，也容易養成以後重口味的習慣**。

英國研究建議一歲前寶寶的一日鈉攝取量不要多於 400 毫克（大約 1 公克的鹽），雖然不代表一過量就會造成傷害，但寶寶飲食還是必須清淡，避免市售番茄醬、火腿、醃漬食物等高鈉食物。

## 糖

**一歲以前的寶寶副食品中不需加糖**，糖是甜味來源但並沒有什麼營養，如果想吃甜的可以吃點水果，或是盡量用本身帶甜味的蔬果做料理。

## 飲料

果汁糖分非常高，且經過榨取營養都流失了，因此**一歲前的寶寶不建議喝果汁**。此外，茶、咖啡、可樂這些飲料含有咖啡因，影響睡眠外也過於刺激，容易造成寶寶情緒暴躁，甚至影響身體發育。

## 蜂蜜

**一歲以下的寶寶不可以食用蜂蜜及其製品**。因為蜂蜜可能潛藏肉毒桿菌，成人的胃酸可以殺死這些菌，但是寶寶的各個器官還在發育，誤食蜂蜜可能造成肉毒桿菌中毒，嚴重甚至導致死亡。須注意有些麵包可能會含蜂蜜，給寶寶食用前要注意成分。

# 輕鬆很多的
# 手指食物準備技巧

當媽媽後非常忙碌，寶寶睡眠時間不穩定，並不是每天都有空為他特別製作副食品。這裡有一些方式能幫助媽媽，用更輕鬆甚至不用特別準備的方式，準備好寶寶的手指食物。

## 和大人的料理一起準備

我認為最簡單的方式就是跟大人的餐一起準備。基本上全家人吃的餐點都是使用相同食材，只是寶寶的不調味，以及稍微改變料理方式。下面我會舉例讓大家更好懂。

**大人** **小黃瓜炒蛋**
**寶寶** **煎黃瓜條＋煎蛋＋飯糰**

---

**大人** **洋蔥玉米筍雞湯**
**寶寶** **蒸玉米筍＋蒸小棒棒腿＋水煮洋蔥**

---

**大人** **麻油麵線**
**寶寶** **煎麵線煎蛋＋水煮蔬菜**

---

**大人** **鮮蝦炒飯**
**寶寶** **煎蝦子＋無調味炒飯糰**

本書中也提供很多可以親子共食的料理，大人那份只要稍微調味，就可以同時準備好全家人的餐點，例如：

**早餐** **香蕉燕麥鬆餅** P106、**蔬菜粉漿蛋餅** P160、**咖哩藜麥薯餅** P170
**午餐** **晚餐** **鯛魚高麗菜蛋** P120、**豆腐肉捲** P188、**韓國櫛瓜煎餅** P200

大人
小黃瓜炒蛋
寶寶
煎黃瓜條＋
煎蛋＋飯糰

## 事先做好 冷凍常備品

除了上述方法，也可以利用週末或有人照顧寶寶的時間，製作一些可冷凍的手指食物，凡是肉類食物，或是澱粉成分較多，例如地瓜、馬鈴薯、南瓜做出的煎餅蒸糕等都可以冷凍。豆腐和蛋含量較多的料理，如蒸蛋、煎蛋就不適合冷凍，會影響口感。冷凍常備品的好處就是可以一次做好不會浪費食材，拿出退冰加熱即可食用。

# 善用市售冷凍常備品

偶爾也有就是不想做飯，或是大人剛好吃外食的時候，在冰箱備一些快速加熱的市售手指食物，例如寶寶無糖饅頭，用電鍋蒸熱就可以吃；或是把寶寶無調味水餃煮熟，再加份水果就是應急的一餐；另外也有賣已經去除魚刺的寶寶魚片，分裝成孩子一餐的小份量，可以加入炒麵或是飯糰中給寶寶吃。除了自己動手做，偶爾搭配市售品，爸爸媽媽也可以更輕鬆。

# 方便又好用的基本工具

準備手指食物基本上很簡單，在初期時，食物燙熟就可以給寶寶當一餐。當寶寶月齡增長到想要吃更多口感和風味的食物時，這些廚具可以幫助媽咪準備起來更輕鬆。除了用來準備寶寶的副食品，也都可以用於準備大人的食物，不需要擔心孩子大了就用不到的問題。

### 電子秤

很多人應該跟我一樣是當了媽媽才開始學做料理，以料理初學者來說，建議先從看食譜開始學，並遵照食譜中的材料分量去製作才容易成功。不建議靠感覺去秤重，尤其是碰到小克數如 1g 的酵母粉，一點點的誤差，很容易反應在成品的成敗。簡易的電子秤便宜又實用，建議買一台在家裡備用。

### 食物調理機

調理機可以攪打肉末，在寶寶還咬不動大肉塊時，我常常將肉混著蔬菜做成漢堡排，寶寶很好咀嚼又好吃，也可以將地瓜泥、馬鈴薯泥加入麵粉和雞蛋攪打成高纖鬆餅，不必辛苦用叉子壓薯泥，輕鬆很多。現在調理機也有多功能式的，甚至有打發蛋的功能（可用來做蛋糕），只要有一台，基本上所有手指食物都做得出來，所以我經常使用。

### 耐熱矽膠模具／迷你蛋糕模

寶寶吃的食物分量都小小的，所以可以添購一些小的容器。像是寶寶吃的蒸蛋或是布丁常常只使用一顆蛋，如果用太大的容器會變成薄薄的蛋餅。我最常用的是耐熱矽膠模具，方形的可以放烤箱用來烤寶寶小蛋糕，也有適合寶寶抓握的長條形，可以放入絞肉做成各種小肉腸。

### 可冷凍的袋子及盒子

所有媽媽都是忙碌的，寶寶也常常有各種突發狀況，很難三餐都有時間準備好副食品，因此建議冰箱裡要常準備一些冷凍手指食物。做好的手指食物建議放進可冷凍的容器中密封保存，如果有沒用完的母乳袋或是裝寶寶粥的大冰磚盒，也可以拿來裝手指食物。

### 波浪刀

波浪刀的紋路可以讓滑滑的食物更好拿，尤其像是芒果、火龍果、奇異果等，寶寶可能還沒吃進嘴裡，食物就從手裡溜走了，很容易讓他們感到挫折或生氣。使用波浪刀可以避免這個狀況，除了切水果外也可以切紅蘿蔔、黃瓜、白蘿蔔、冬瓜等蔬菜。

## 輔助工具

以下是一些好用的輔助工具，建議媽咪可以先使用上述的基本工具，等用習慣了也常製作手指食物，再根據料理需求，自由選擇添購。

### 矽膠刷

寶寶料理通常很少油，因此若想做出酥脆口感的食物，會在表面刷上一些油拿去烘烤，這時就很需要一支刷子均勻抹上薄薄的油。矽膠刷也可以用來刷蛋液，用於製作寶寶的甜點。

### 打蛋器／電動打蛋器

鬆餅、蛋糕這類鬆軟的食物很受寶寶歡迎，想要鬆餅好吃，麵粉和食材就必須攪拌到無顆粒，不然吃到生麵粉口感會很差，因此很推薦使用打蛋器，比用筷子攪拌省時又均勻。如果媽咪喜歡做鬆軟的蛋糕，就會需要用電動打蛋器打發蛋白（不建議直接手打）。

### 擀麵棍／揉麵墊

製作寶寶饅頭、麵條、麵包就會常常使用到揉麵墊及擀麵棍。

### 擠花袋

常用來裝麵糊，方便媽媽操作防止沾得到處都是。製作各類餅乾和軟餅時也會用到，或是將麵糊擠成特殊造型，很吸引寶寶的注意。

### 小型餅乾切模

各種造型的食物很容易吸引寶寶的注意，媽媽也可以藉著造型跟寶寶解說現在吃的食物，增加寶寶對食物的興趣，例如：要不要吃花花（其實是花形饅頭）。切模可用於造型餅乾、饅頭或是麵。

### 麵粉過篩器

麵粉過篩器常用於製作甜點，如：餅乾、蛋糕、鬆餅。

# 打造適合寶寶的用餐環境

當寶寶已經準備好要吃手指食物時，提供一個安靜無干擾的用餐環境是很重要的，關掉電視、手機，不要有過吵的聲音，能避免寶寶分心，更專注吃飯，也專心享受探索食物的樂趣。此外，也需要準備一些幫助寶寶用餐的用具。

### ★ 寶寶餐椅

準備一個寶寶專用的餐椅是很重要的，讓寶寶坐上去後可以坐挺，身體不會向後傾斜。若寶寶還不能坐得非常挺直，可以在寶寶背後墊一個墊子幫助坐正。我喜歡使用高腳的寶寶餐椅，它的高度能讓寶寶看得到全家人，和家人同時在餐桌一起吃飯。想要讓孩子愛上吃飯，享受吃飯的過程是很重要的。

### ★ 寶寶高腳椅踏板

高腳餐椅建議加裝一個腳踏板，可以讓寶寶腳不必懸空、穩穩踩住，避免重心不穩而讓平衡感變差。而且這時期的寶寶正在學習吃飯，需要很多專注力，若因為坐著不舒服而分心導致沒耐心就不好了。另外提醒使用腳踏板時，要記得幫寶寶扣牢餐椅上的安全帶，防止寶寶踩著腳踏板，整個人在吃飯過程中站起來而跌倒。

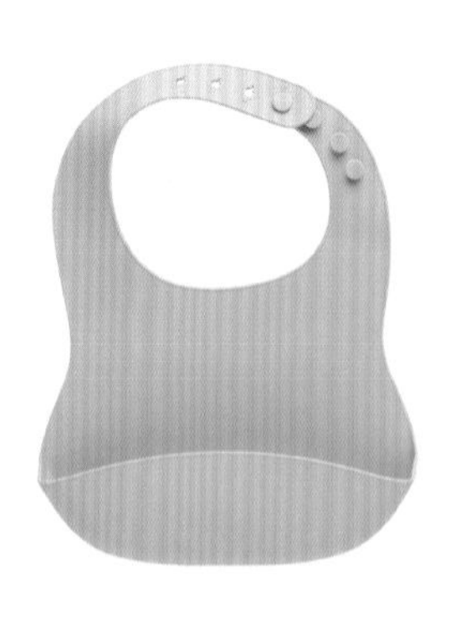

### ★ 圍兜

寶寶剛開始練習吃飯，技術不熟練食物難免會掉落，圍兜能裝寶寶掉落的食物，也防止食物沾染到衣服。

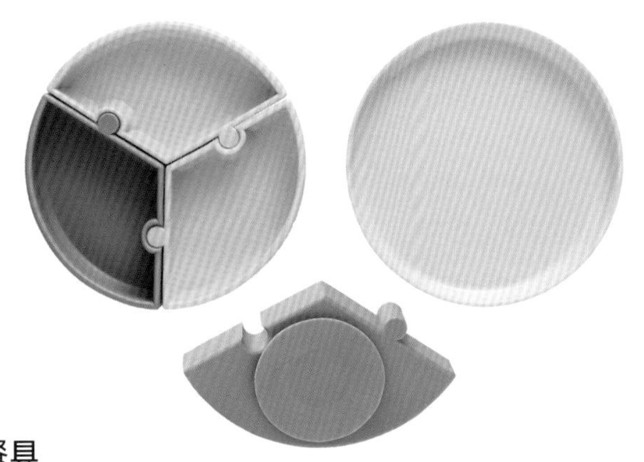

### ★ 有吸盤的餐盤

準備一個能吸附住桌子的碗，能防止寶寶把餐盤整個拿起來玩。

### ★ 餐具

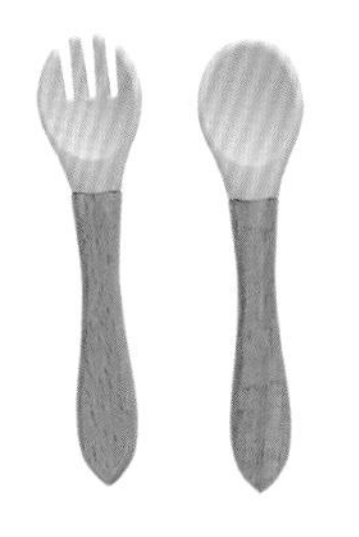

一歲前建議先用手吃飯，等到可以靈活自如抓取食物且吃得很好（約 10 個月大以上）再加入餐具。餐具要選擇適合寶寶拿的小湯匙或是叉子，提供餐具時可以實際示範如何使用，若寶寶不想用不要強迫，只需多引導並在吃飯時持續提供餐具給他，讓寶寶自己決定何時使用。

## 讓清理更輕鬆的推薦用具

很多爸媽擔心寶寶吃得到處都是，現在市面上有推出一些產品，可以讓清潔變得輕鬆很多，推薦大家依照需求選購。

### ★ 防水長袖圍兜

這個類型的圍兜可以將寶寶上半身罩住，防止食物沾到衣服上，寶寶吃完飯直接將圍兜拿去清洗即可。

### ★ 防髒托盤

這類型的托盤可以安裝在寶寶的餐椅上，防止食物掉落在寶寶的身體上，寶寶享用完一餐後將托盤單獨拆掉拿去清洗，就可以省去幫寶寶擦拭身體和撿掉落的食物的時間。

### ★ 養生膠帶

它有點像特大號的保鮮膜，可以鋪在地板上。當寶寶吃完飯時，直接用養生膠帶把掉在地上的食物包起來整個丟掉，不需要再掃地拖地。

# 不同月齡寶寶的一日飲食原則

## 該什麼時候給寶寶吃手指食物？

剛開始練習**建議在寶寶喝完奶的 1 ～ 2 小時再提供手指食物**，這樣寶寶才不會因為過度飢餓而哭鬧，也不會因為剛喝完奶太飽對食物不感興趣，更能好好享受吃飯的過程。餐後如果要補奶也可以，但若寶寶嘔吐很可能就是太飽了，就需要延後喝奶時間。

## 我都怎麼幫寶寶準備一餐？

### 6～9個月大的寶寶（2週嘗試期後，進入初期）

當寶寶6個月大接觸手指食物時，不需要計算或擔心孩子吃的量，前面一兩週沒吃多少很正常，寶寶需要時間練習，且6個月大的營養來源主要還是奶。

剛練習時**一天給寶寶1～2餐就可以了，建議先給少量，約2～3種食物**，像是燙紅蘿蔔條一小根、花椰菜一朵加上小棒棒腿一根。

一次一樣食物太無聊，寶寶很快就膩了，但給太多食物也會讓寶寶眼花撩亂，不知如何下手，甚至可能把所有食物丟下桌。所以2～3種食物是比較剛好的，**這階段的母奶和配方奶都不需要減少餐數**。

### 9～12個月大的寶寶（中後期）

等寶寶經過練習，已經很熟練吃手指食物時，就可以依照食量添加更多食物。要記得每個寶寶是獨立的個體，對於食物的感受和食慾都不同，父母可以觀察寶寶飯後是否沒吃飽？若是整盤吃光還表現出飢餓感，下次就可以給多一點食物，**不用侷限一餐2～3種，可以依寶寶的喜好和習慣增加種類**。

此外，建議**一天增加到2～3餐的手指食物**，由於寶寶咀嚼能力更好，可以吃下更多食物，就能**適當減少1～2餐的奶，並慢慢增加固體食物的量，過渡到一歲就能正常固定吃三餐**。

### 寶寶的飲食三階段

**嘗試期**

**剛滿6個月（約2週）**

這個時期的手指食物主要在幫孩子練習抓握&進食的基礎技能，不需要擔心食量。

**初 期**

**6～9個月**

營養主要來源是奶水，手指食物是輔助。準備多元食材，讓孩子體驗食物樂趣。

**中後期**

**9個月以上**

奶量減少，攝取的食物變多，漸漸養成三餐習慣，可以循序漸進少量增加調味。

# 我家孩子的一週手指食物

baby finger foods

## （6~9 個月大的寶寶）

建議一天 1 ～ 2 餐
每次提供 2 ～ 3 種食物

週一
monday

水煮紅蘿蔔　水煮雞腿　水煮花椰菜

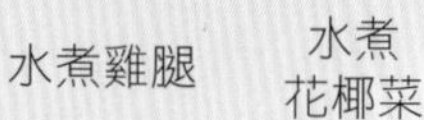

週二
tuesday

煎櫛瓜　水煮茄子　香蕉

週三
wednesday

木瓜

香蕉燕麥鬆餅

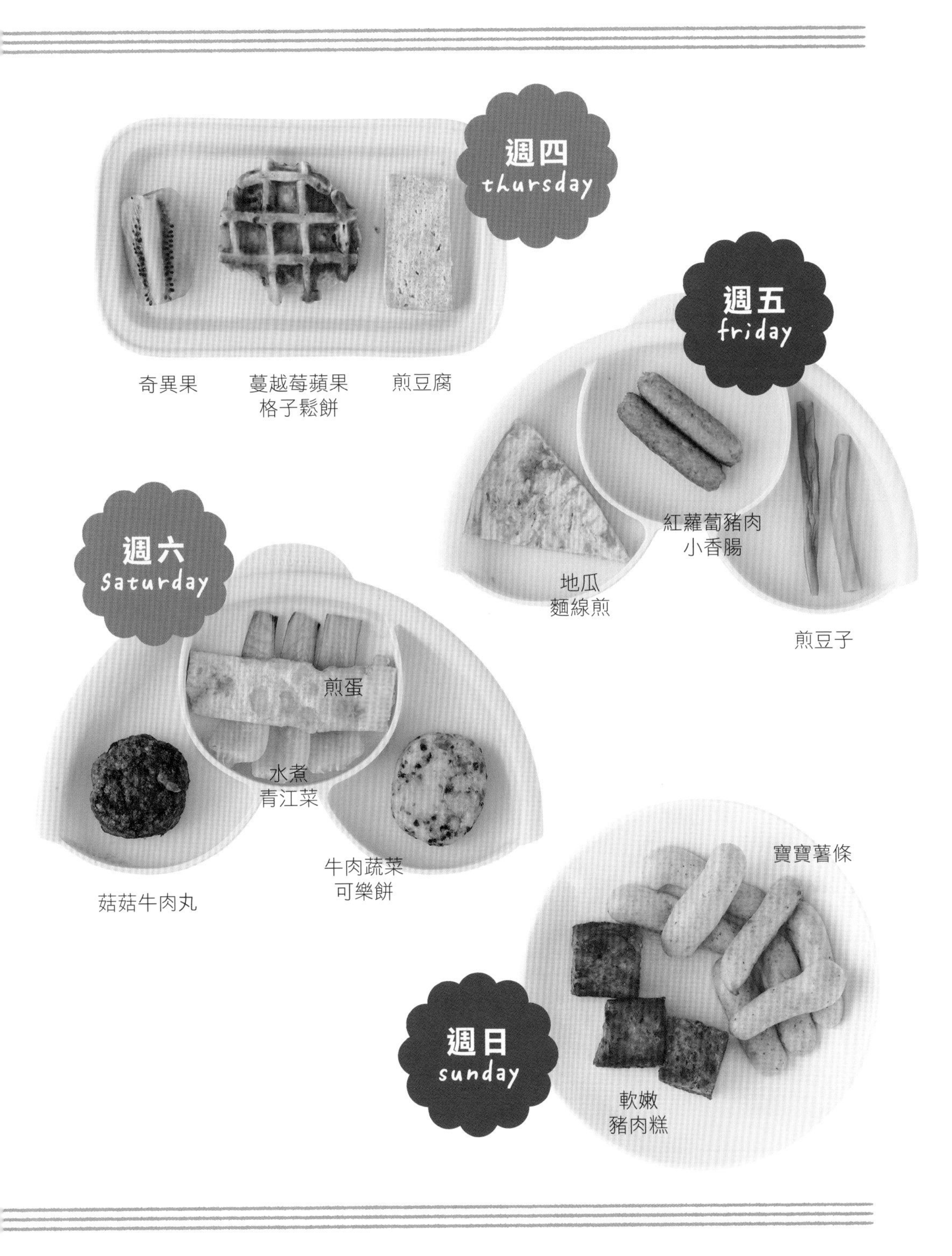
週四
thursday
奇異果
蔓越莓蘋果
格子鬆餅
煎豆腐
週五
friday
紅蘿蔔豬肉
小香腸
地瓜
麵線煎
煎豆子
週六
saturday
煎蛋
水煮
青江菜
牛肉蔬菜
可樂餅
菇菇牛肉丸
寶寶薯條
週日
sunday
軟嫩
豬肉糕

# 我家孩子的一週手指食物

*baby finger foods*

## ( 9~12 個月大的寶寶 )

建議一天 2 ～ 3 餐，
食物不限種類

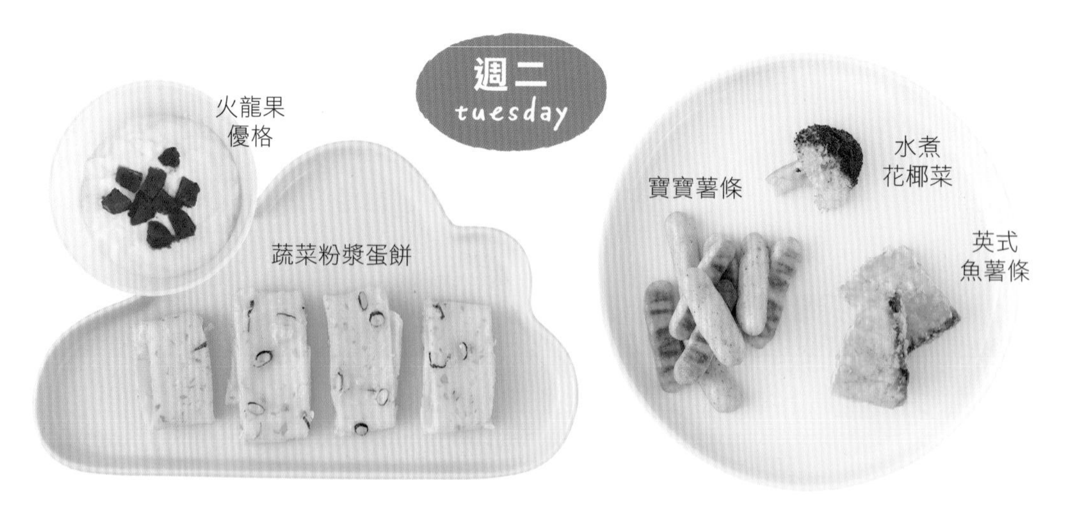

週三
wednesday
葡萄 &
櫻桃
煎小黃瓜
水煮蛋
水煮蘆筍
水煮蝦仁
水煮
花椰菜
水煮
玉米筍
水煎包
章魚燒

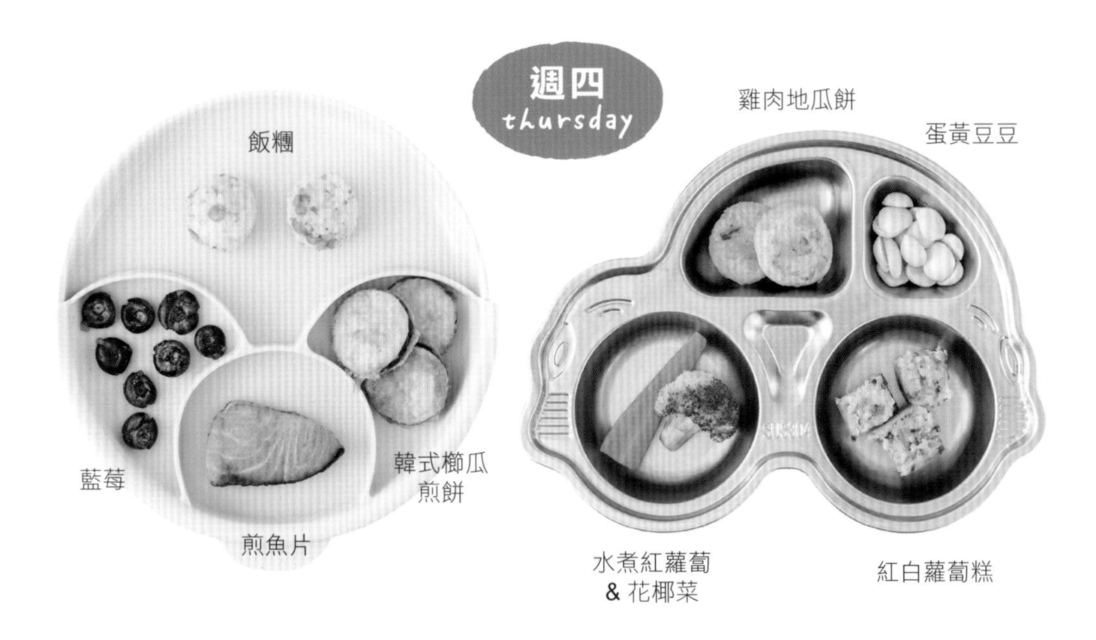
週四
thursday
雞肉地瓜餅
蛋黃豆豆
飯糰
藍莓
韓式櫛瓜
煎餅
煎魚片
水煮紅蘿蔔
& 花椰菜
紅白蘿蔔糕

## 週五 friday

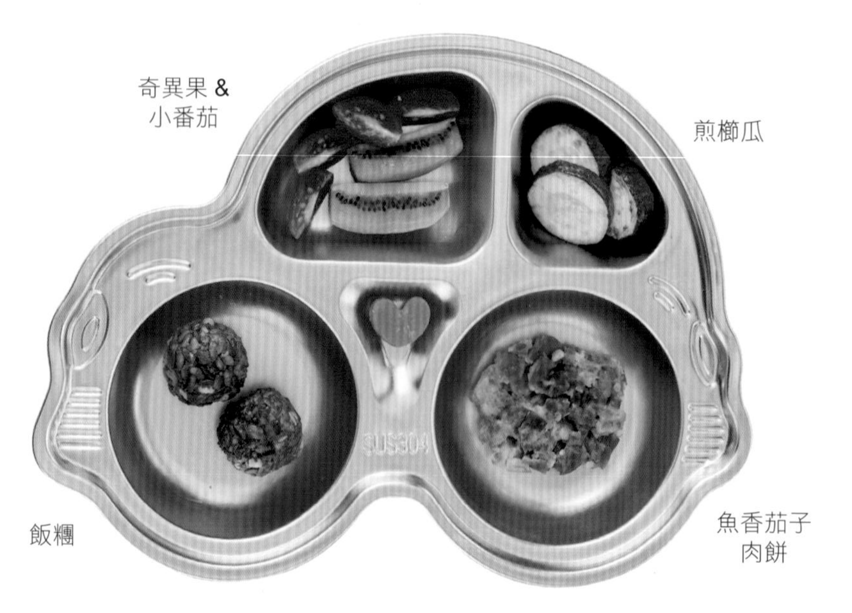

## 週六 Saturday

美國花生果醬捲

香蕉 & 藍莓

藍莓地瓜派

草莓果醬優格

## 週日 sunday

水煮義大利麵

芝麻香蕉小餅

水煮花椰菜

水煮蛋

小番茄

鯛魚高麗菜蛋

免揉羊肉餡餅

CHAPTER

# 3

baby finger foods

# （嘗試期）

# 練習抓握的手指食物&處理方式

這個階段是寶寶從喝奶到手指食物的銜接期，
主要目的是練習抓握、啃咬，而不是實際吃了多少食物。
本章節將分為「蔬菜類」「豆魚蛋肉類」「水果類」三項，
分享各自的處理 & 烹調注意事項，讓寶寶們安全快樂探索！

# 開始前先注意！嘗試期手指食物的準備要點

## 可抓握的大小

這個時期的食物大一點比較安全。寬度約 2 根成人手指寬，長度要足夠讓寶寶握住時，可以從拳頭上下露出的地方啃咬。如果質地太滑先用波浪刀切出紋路，方便寶寶抓握。

## 口感軟而不爛

硬脆的食物不適合，但也不能太爛或一捏就碎，寶寶的手沒辦法抓起來。

## 檢查食材狀態

給寶寶的食物建議先檢查過一遍，除了確實煮熟，也避免肉類或魚肉中有脫落的軟骨、碎骨頭或細刺。

## 少樣少量提供

練習階段一次約 2 ～ 3 樣食物、份量少少的就夠了，寶寶才不會眼花撩亂。

## 避開風險食物

小小圓圓的食物，例如葡萄、小番茄等，因為容易噎到，建議等寶寶 9 個月以上再嘗試（且必須切成 1/4）。

## 關心而不干涉

寶寶剛開始練習時偶爾作嘔很正常，確認沒有噎到就好，切記不要用手去挖寶寶嘴裡的食物，反而會將食物推回去而造成危險。（作嘔與噎到的差別，請見第 21 頁）。

蔬菜類
vegetables

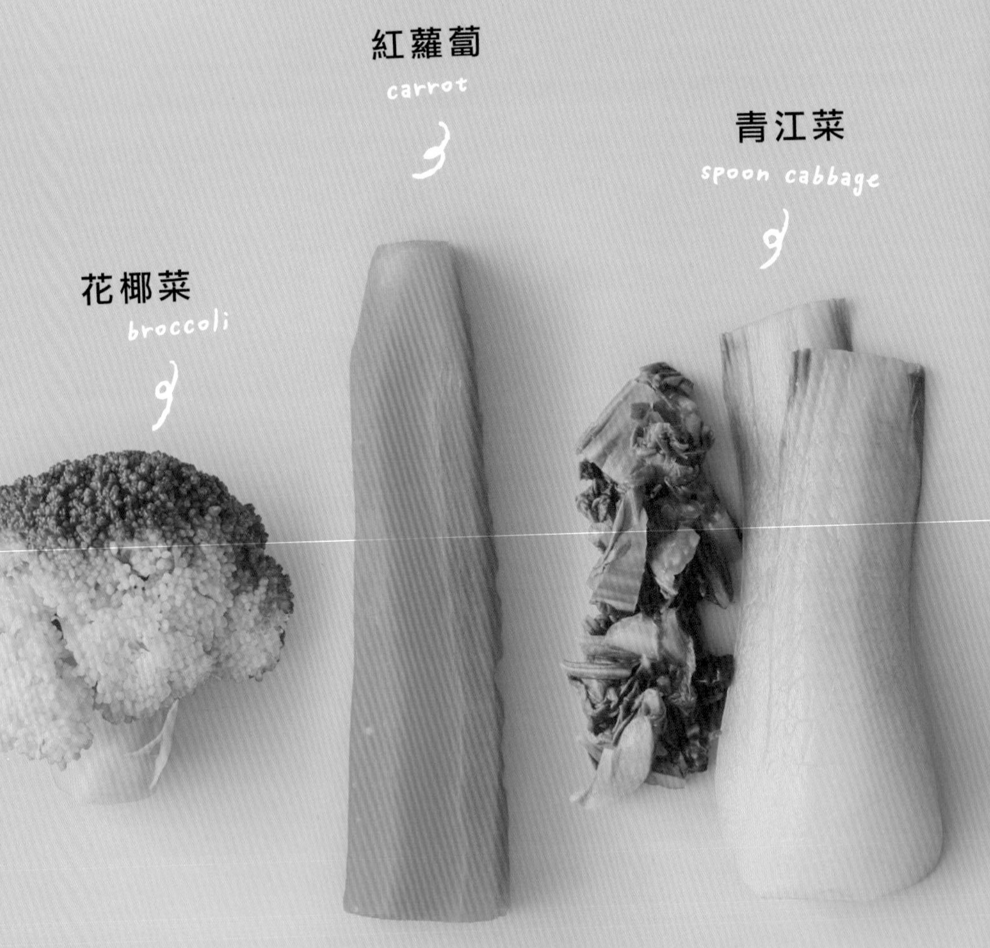
紅蘿蔔
carrot
青江菜
spoon cabbage
10
花椰菜
broccoli
5
cm

有各種營養、形狀與口感的蔬菜，很適合讓嘗試期的寶寶探索。
這裡是以我家常用的青菜，來舉例做為手指食物的處理方式，
當然也可以換成其他菜，或是冰箱有什麼用什麼，讓孩子多多練習吧！

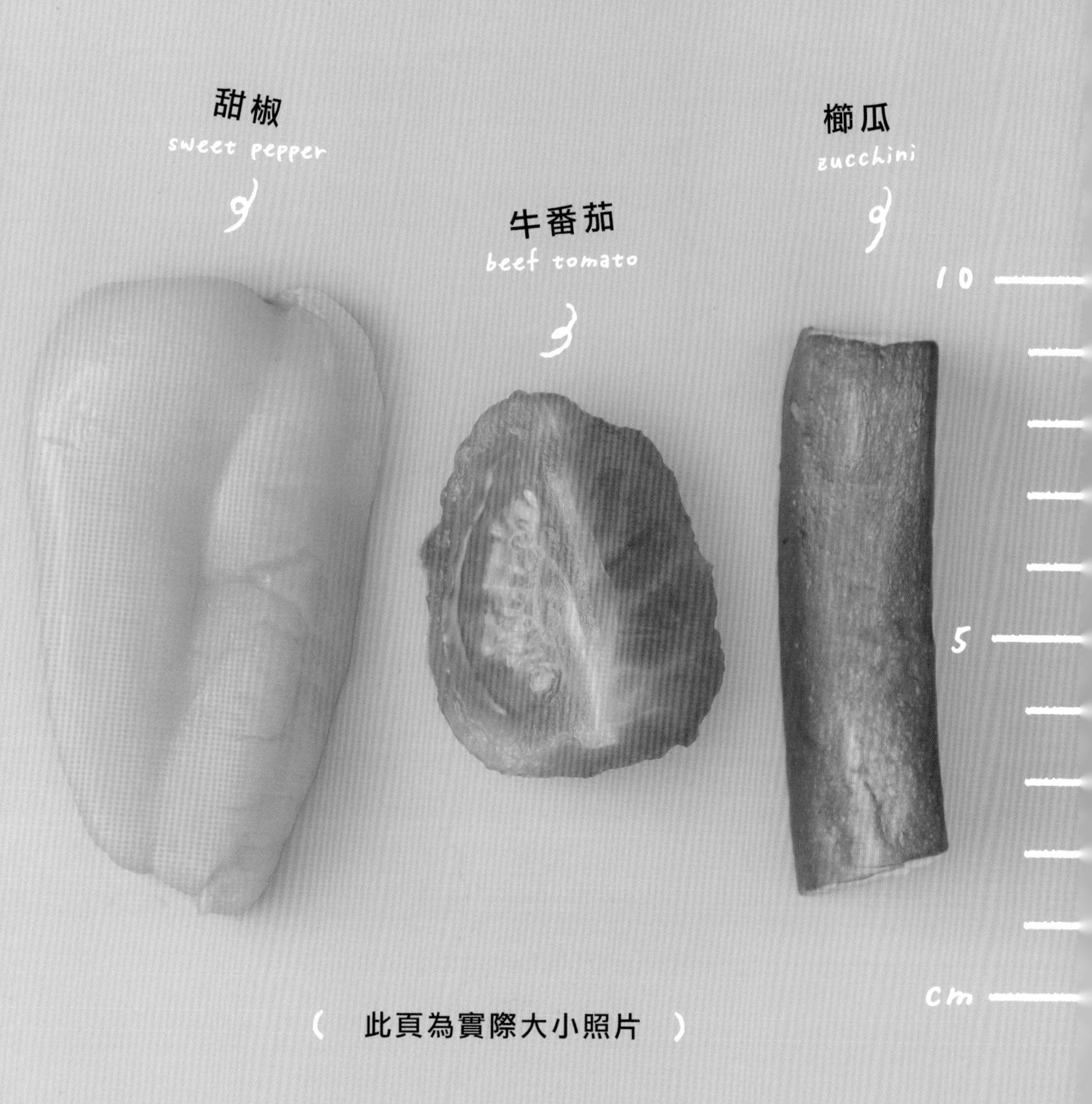


（ 此頁為實際大小照片 ）

# 花椰菜

***broccoli***

花椰菜煮軟後非常適合給寶寶當初期手指食物，它含有維他命 A、B、$B_2$ 及維他命 C、鈣、磷、鐵等豐富營養素，非常推薦在炒花椰菜時順便燙一根給寶寶試試。初期手指食物通常是越大越安全，花椰菜也一樣，寶寶可以很好拿起來啃咬，剛練習時寶寶通常只會吸吮它，或是咬掉小小的花蕾。

**切法**

將花椰菜洗乾淨後切成大塊。

**烹煮方式**

滾水中滴入少許橄欖油，放入切塊的花椰菜煮約 3 分鐘，煮到軟化、可以輕易用筷子插過去，且寶寶容易拿起的程度即可。放涼後就可以食用。

**POINTS**

如果你的寶寶剛剛練習手指食物，建議食物不要準備太多，一次約 2～3 樣，份量少少的就夠了，這樣寶寶更能專注在眼前的食物，過多的食物可能會讓他眼花撩亂不知道如何下手。

# 紅蘿蔔

carrot

紅蘿蔔是非常適合當手指食物入門的食材，但因為比較堅硬，需要徹底煮軟煮熟。我覺得用電鍋是最快的烹調方式。初期要特別注意，食物軟而不爛才方便寶寶拿起來，若是食物太爛一捏就碎，寶寶根本無法拿也吃不到，可能會讓他沮喪或是不開心，這點爸爸媽媽也要稍微注意喔！

## 切法

將紅蘿蔔切成長條狀，寬度約為 2 根成人手指頭寬，讓寶寶容易抓握。

## 烹煮方式

紅蘿蔔切長條蒸熟（電鍋蒸約 1 杯水）或是燙熟。請勿給寶寶生的紅蘿蔔，務必煮軟到紅蘿蔔可以輕易被筷子插過去，或是放進嘴中用舌頭把食物頂到上顎，食物可以被壓碎的程度。

## POINTS

- 若蒸熟的紅蘿蔔很滑，推薦用波浪刀切，波浪的花紋可以增加摩擦力，讓寶寶更好抓握。
- 吃紅蘿蔔時難免會遇到寶寶咬掉一大塊的情況，媽媽先不要緊張，更不要用手去挖寶寶嘴中的食物，讓寶寶學著自己處理。這時大人可以做出用力吐舌頭的樣子給寶寶看，引導他將嘴中過多的食物吐出來。

# 青江菜

*spoon cabbage*

青江菜便宜又營養，很適合寶寶食用。剛開始練習自主進食，目的是讓寶寶有更多嘗試和學習，這時寶寶的主要營養來源還是奶，不需要計算吃下多少食物。第一次嘗試新事物都要花點時間練習，讓寶寶充分享受探索食物的過程吧！

## 切法

將青江菜一片一片剝下，不需要特別切小片。

## 烹煮方式

滾水中滴入少許橄欖油，放入洗淨的青江菜，煮到菜梗變軟即可。長長的菜葉容易黏在寶寶的上顎或是喉嚨引起作嘔，建議在煮好後把菜葉和菜梗分開，菜梗直接給寶寶，菜葉則切細碎讓寶寶抓取。

## POINTS

剛開始練習手指食物，偶爾作嘔是正常的，爸媽不要驚慌。寶寶甚至有時候會嘔吐，若嘔吐過後食慾正常、沒有不舒服，就不需要太擔心。切記不要用手去挖寶寶嘴裡的食物，很容易將食物推回去，反而造成危險！

# 甜椒

*sweet pepper*

鮮豔的甜椒很容易吸引寶寶視線。趁寶寶還小的時候（6 個月大）就給予手指食物，因為吃過的東西不多，所以除了甜椒，茄子這種沒什麼甜味的食物也能咬很久，吃得津津有味，爸媽準備起來也相當輕鬆。

## 切法

甜椒需要切成大塊，切一半或是切 1/4 的大小皆可，並去除掉硬梗、裡面的籽。

## 烹煮方式

滾水中滴入少許橄欖油，放入切好的甜椒，煮到甜椒柔軟，然後去掉表皮。

## POINTS

如果寶寶比較大才開始吃手指食物，因為已經接觸過不同的食物種類，可能有很大的機率不願意吃水煮無味的蔬菜，但不要緊張，試著加點調味（不是加鹽喔！），例如蒜粉或無鹽奶油增加風味，或是改用烤的方式，吃起來也會更甜。

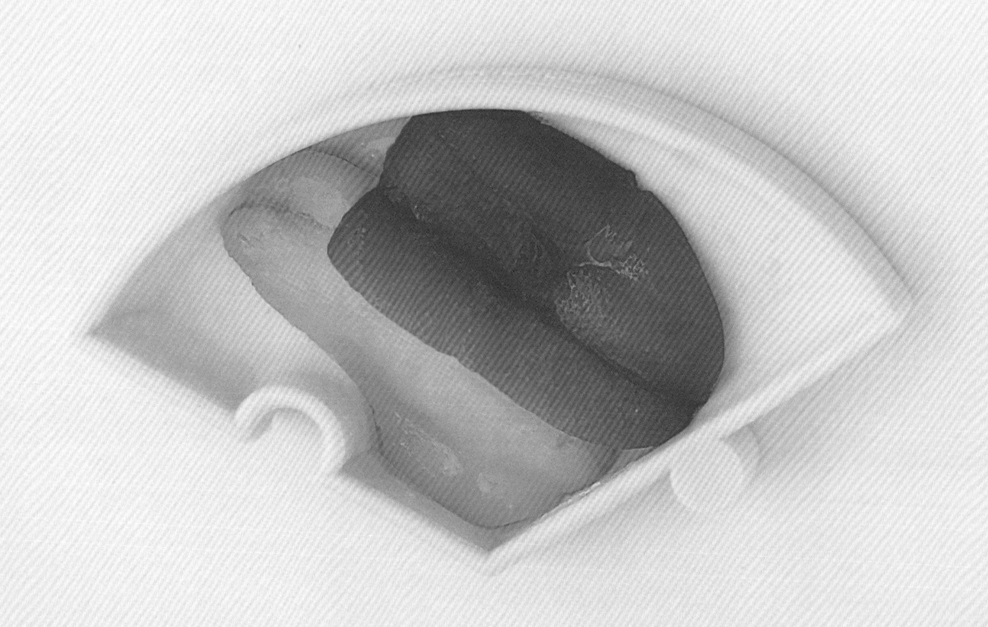

# 牛番茄
*beef tomato*

相較於小小圓圓的小番茄，大顆的牛番茄較安全、容易抓握，更適合月齡小的寶寶。處理上也很簡單，切成大塊蒸熟就好了。我常常在準備番茄炒蛋時，先將寶寶的部分拿起來，這樣就可以同時準備大人小孩的食材。

### 切法

選擇成熟且柔軟的牛番茄，切成 1/4 的半月形大小。請記得初期手指食物越大越好抓握。

### 烹煮方式

牛番茄切塊後用電鍋蒸熟，或是放入滾水中煮到筷子可以輕易戳過去就好，不要過於軟爛，寶寶才好抓握。番茄皮可以選擇去掉。

### POINTS

小小圓圓的小番茄，例如聖女小番茄，是容易噎到的高風險食物，建議等寶寶 9 個月以上再嘗試，且必須切成 1/4 的大小再給予，不能給一整顆。未滿 9 個月的寶寶，還沒辦法用拇指和食指抓起小小的食物，所以不需要在這時期挑戰過難的任務。

# 櫛瓜

*zucchini*

櫛瓜煮熟後甜度高，很多寶寶都喜歡。我個人喜歡用乾煎或是烤的方式突顯自然的清甜味。可以試試晚餐煎櫛瓜讓寶寶和大人們一起吃，大人的部分只要簡單加點鹽、胡椒調味就好了，跟寶貝吃同樣的食物，真的會大大提升寶寶對食物的興趣。

## 切法

櫛瓜不需削皮，將圓柱形櫛瓜切成 1/4 長條狀，長度約大人食指長度，這樣寶寶較好抓握。

## 烹煮方式

切長條的櫛瓜可以用滾水燙熟、用平底鍋小火煎熟，或是表面塗橄欖油後用烤箱烤到熟透且柔軟。

## POINTS

- 櫛瓜盡量選小的，太大的很容易纖維太粗、口感不好。
- 櫛瓜的切法也適用於小黃瓜，也一樣需要煮熟，兩種都可以讓寶寶嘗試看看。

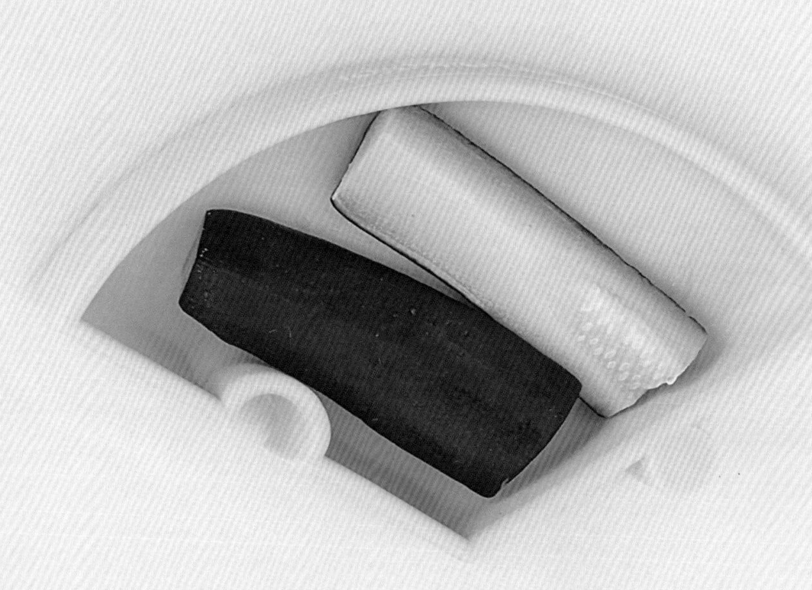

# 豆魚蛋肉類

Meats & Protein

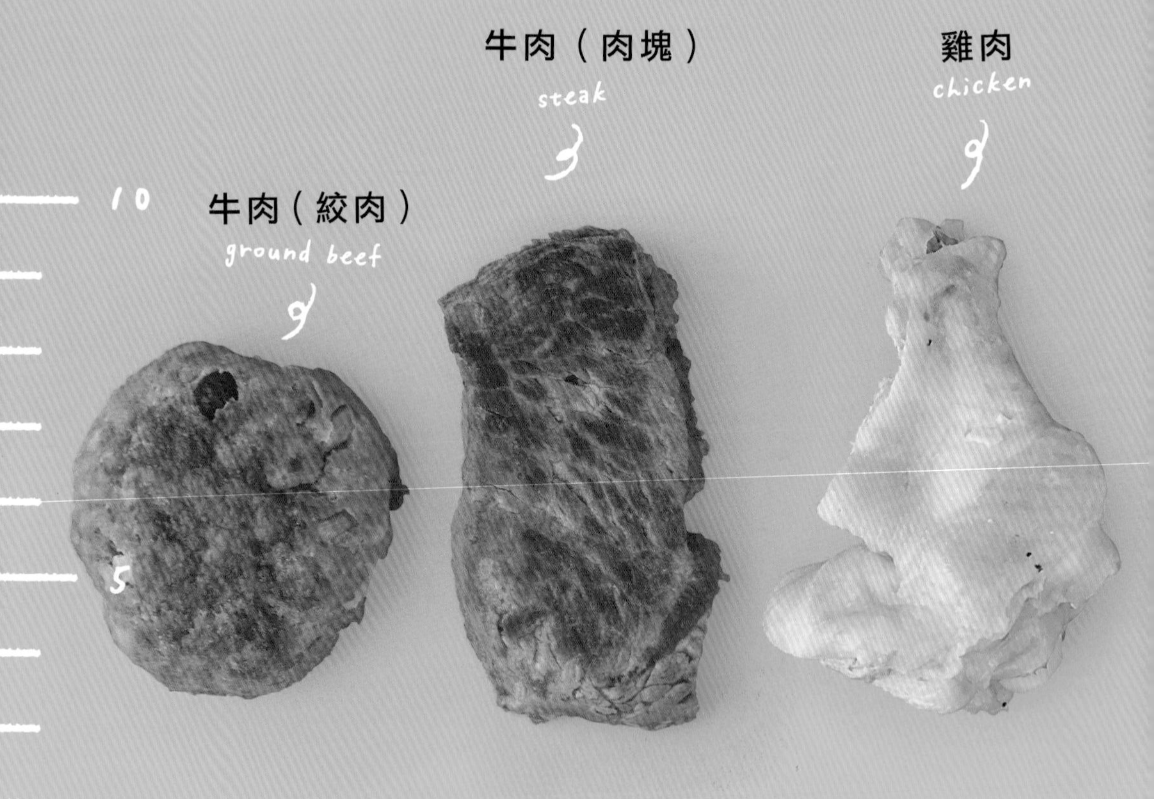

這個階段主要重點在於練習抓握與啃咬，
肉類富咬勁的口感是很好的練習對象，
寶寶也能透過吸肉汁獲得許多營養。

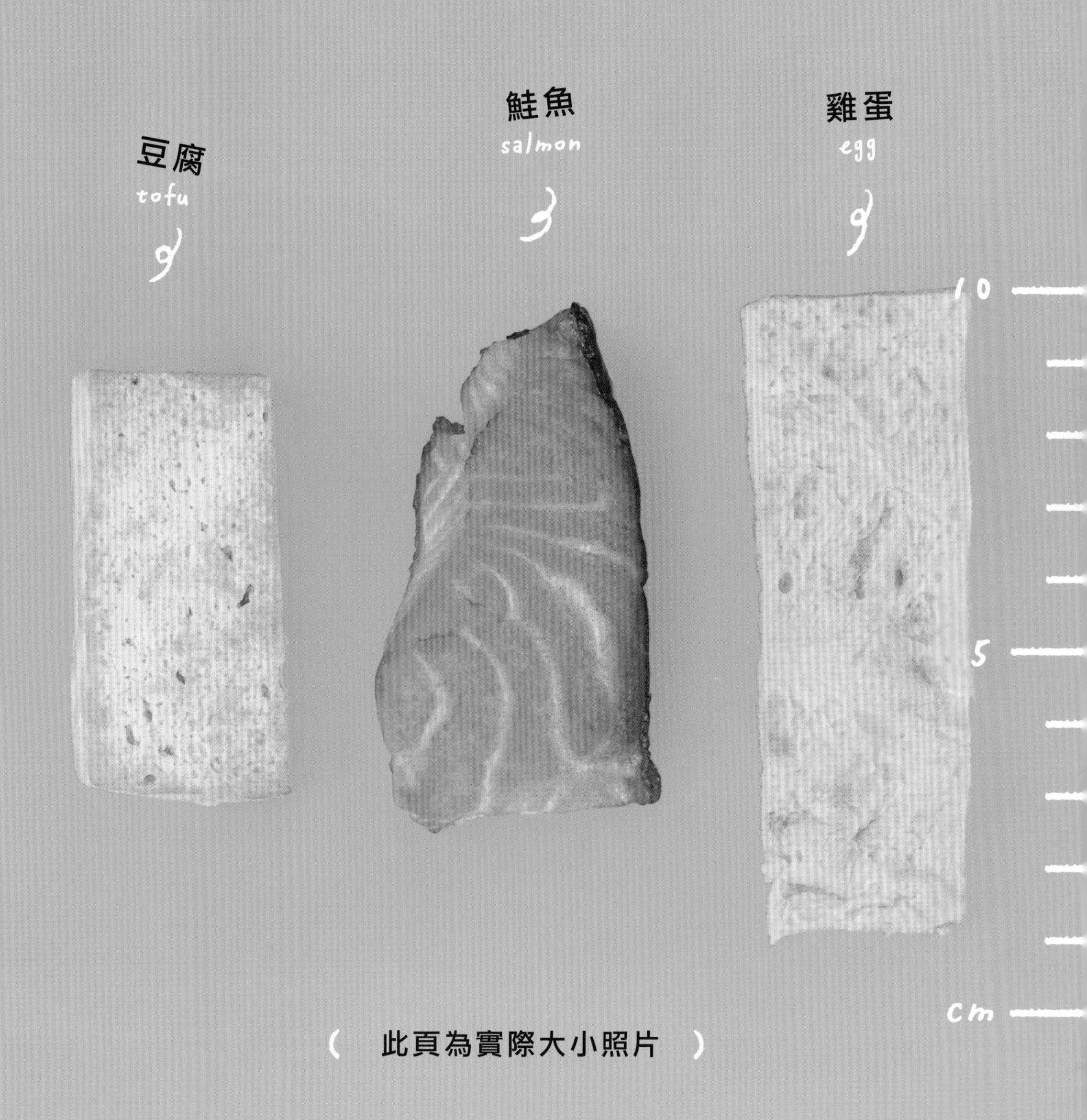


（ 此頁為實際大小照片 ）

# 牛肉（肉塊＆絞肉）

*steak & ground beef*

牛肉是我很早就開始給寶寶嘗試的食物。6個月以前的寶寶可以只靠母乳或配方奶補充鐵質，6個月以後對於鐵質的需求會不斷地上升。鐵是我們常忽略的重要營養，所以建議在副食品上多納入含鐵的食物，此時牛肉就是一個很適合寶寶的補鐵食材。

### 切法

① 肉塊：準備一塊有厚度的牛排，不要太薄。把牛肉切成長條形，約 2 根成人手指頭寬的大小，長度必須讓寶寶握著時會超出拳頭上方，才方便啃咬。可以去掉牛肉上多餘的肥油。

② 絞肉：捏成肉餅後煎熟，可參考第112頁「菇菇牛肉丸」作法。

### 烹煮方式

牛肉用電鍋蒸熟或是滾水汆燙，必須確實煮熟。

### POINTS

不要覺得牛肉很硬寶寶咬不動，剛開始吃固體食物的重點在練習咀嚼，吃多少不是最重要的。厚牛排可以讓寶寶學習啃咬和吸吮肉汁，而肉汁也相當有營養。初期建議給厚一點的肉，不容易被寶寶咬斷，可以降低寶寶被嗆到的機率。若是希望讓寶寶吃多一點肉，做成絞肉丸是比較好的方法。

# 雞肉

*chicken*

剛開始要給寶寶吃肉時，我推薦小棒棒腿，它是我家寶寶第一個嘗試的肉類，而且他超愛！小棒棒腿超級好抓握、不會滑溜溜，光是吸肉汁就讓寶寶很滿意。雞肉除了充滿營養，更棒的是可以多做一些起來冷凍，隨時加熱吃都很方便，所以也是我最常做的食物之一。

## 切法

準備一隻翅小腿（又叫小棒棒腿），煮之前檢查有無尖銳的碎骨頭，有的話需去掉。

## 烹煮方式

最快速的方式，是將翅小腿直接用滾水煮熟或電鍋蒸熟。煮熟後去掉雞皮，再檢查一次有無脱落的軟骨或是碎骨頭。有時間的話，烹煮前可以先用蘋果泥醃約 1 小時再放進電鍋蒸，讓雞肉吃起來帶著微甜。

## POINTS

- 除了棒棒腿，雞胸肉也很適合寶寶。將雞胸肉切成長條形，大小約 2 根成人手指頭的寬度，滾水煮熟或是蒸熟後放涼就可以食用，作法跟牛肉一樣。
- 做好的棒棒腿放冷凍可以保存3天，食用前直接電鍋加熱。

## 鮭魚

*salmon*

魚類中的 Omega-3 脂肪酸和 DHA 有助於寶寶的發育。鮭魚口感軟綿、油脂適中，大人小孩都喜歡，很推薦在晚餐煎鮭魚時，順便切一塊無調味的留給寶寶吃。

### 切法

鮭魚去刺，切成大塊，大小約 2 根成人手指頭的寬度，方便寶寶拿取。

### 烹煮方式

將鮭魚用電鍋蒸熟或是滾水燙熟，也可以用少許橄欖油煎熟。建議一開始先用汆燙的，口感比較軟綿好入口。

### POINTS

如果覺得去刺很麻煩，可以選擇鮭魚菲力或是市售寶寶魚片，一片剛好是寶寶一餐的大小，退冰後直接料理相當方便。

## 豆腐

*tofu*

豆腐口感柔軟、富含蛋白質，也相當適合當手指食物。我一般喜歡用板豆腐，硬度剛好，可以讓寶寶拿起，也容易切成長條狀。

### 切法

將板豆腐切成長條狀，大小約 2 根成人手指頭的寬度。

### 烹煮方式

用橄欖油煎到兩面金黃。豆腐油煎比較不易碎，放涼就可以給寶寶食用。

### POINTS

若寶寶咬下一大塊豆腐，先不要緊張，試著讓他自己處理並引導他們把太大塊的食物吐出來。不要用手去挖寶寶的嘴巴，給寶寶多一點時間去學習咀嚼和了解可以放多少食物到嘴中。

# 雞蛋

egg

以前的副食品觀念，大多建議高過敏食物越晚給越好，甚至1歲以後再給，但現在醫學已經證實，寶寶早點開始食用包含魚肉、小麥、花生在內的各種食材，反而會降低過敏機率。雞蛋也是，一開始先讓寶寶嘗試一兩口觀察，若沒有過敏反應就可以加到日常飲食中。真的很擔心的話，也可以先從蛋黃開始再嘗試蛋白。

## 烹煮方式

以蛋 1：水 0.5 的比例做成蒸蛋。或是在鍋中加少許橄欖油後，倒入打散的雞蛋煎熟。水煮蛋的蛋黃比較不好吞嚥，剛練習時建議先以蒸蛋或煎蛋的方式給予。

## 切法

把蒸熟或煎熟的雞蛋切成大塊長條狀，大小約 2 根成人手指頭的寬度。9 個月以前的寶寶還無法靈活控制手指，食物要夠長到寶寶握住時，能從拳頭上下兩側露出，才方便抓握啃咬。

POINTS

每位醫生對於讓寶寶嘗試食物的順序有不同見解，其實就和有人喜歡餵食，有人喜歡 BLW 一樣，不代表誰對誰錯。在副食品這條路上，媽咪們可以聽聽各種看法，選擇適合自己和寶寶的方法，就是最好的方法。

# 水果類

Fruits

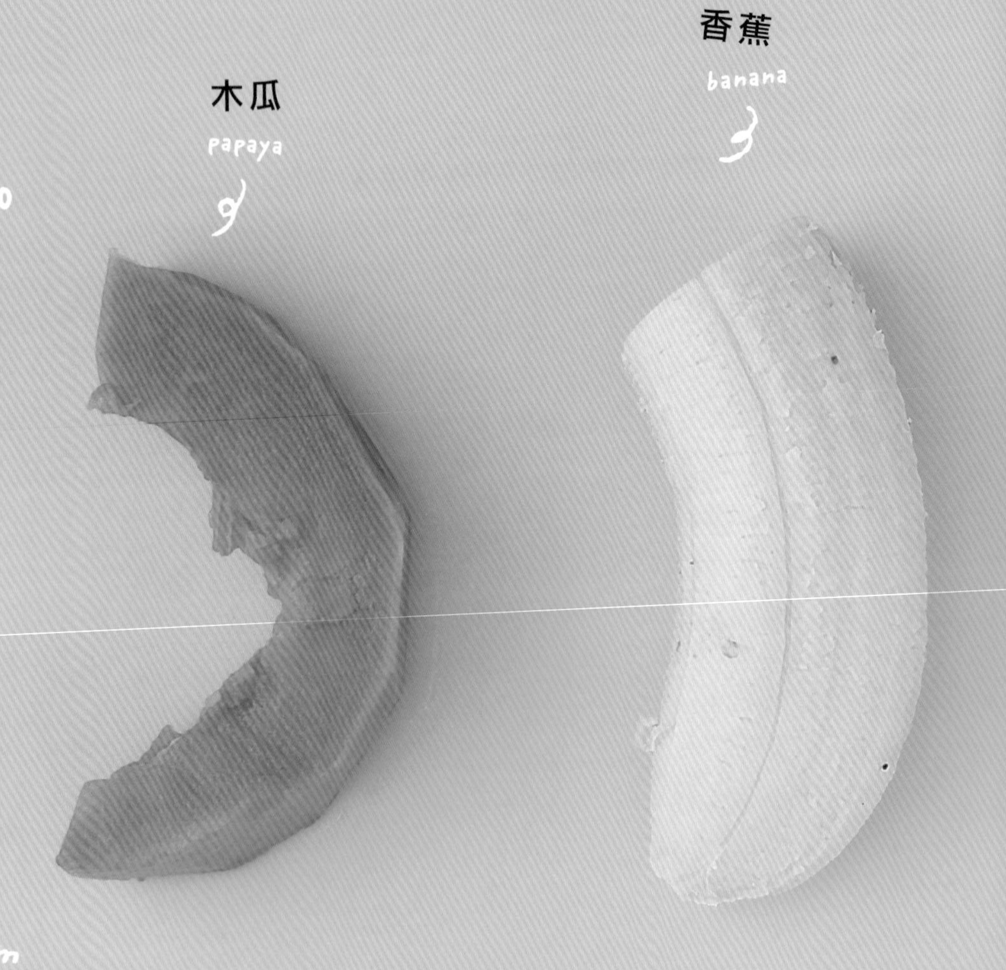

帶有天然甜味的水果是寶寶的最愛，
絕對能夠提高寶寶練習的意願，
柔軟的口感也很適合讓他們啃咬。

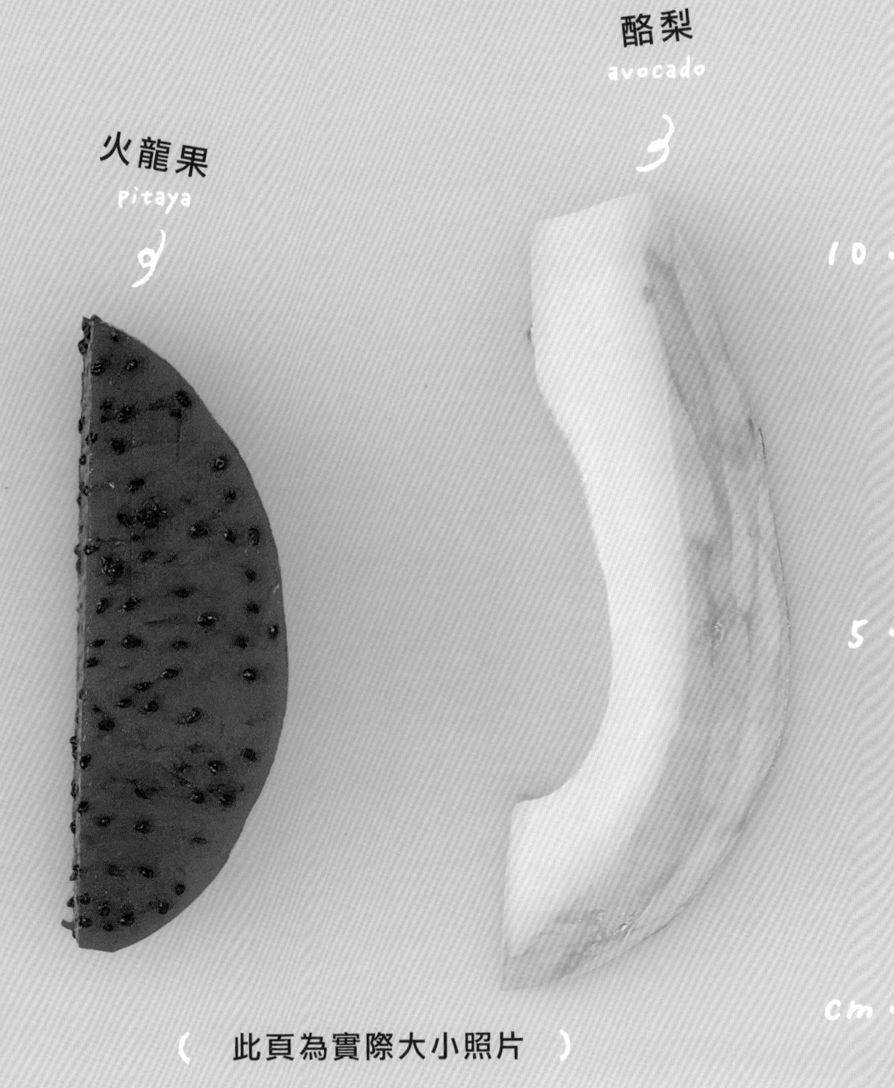


（ 此頁為實際大小照片 ）

# 木瓜

papaya

木瓜味道香甜且口感柔軟，寶寶很喜歡，加上營養超豐富，含有多種維生素和 β-胡蘿蔔素。我喜歡在自己吃木瓜時順便切給寶寶，不管是切成長條或是切一大塊像戰斧牛排一樣讓他兩手抓來吃，寶寶都非常享受。

## 切法

選擇成熟且柔軟的木瓜，去皮去籽後，切成長條大塊狀，大小約 2 根成人手指頭的寬度，長度要能夠讓寶寶抓握時可以露出一小截啃咬。

## 食用方式

初期直接食用即可。另一種方式是壓成泥加入優格中，給寶寶一支湯匙讓他嘗試自己挖著吃，也是一種訓練自主進食的方式。

## POINTS

木瓜質地比較滑，有些寶寶可能會因為不好拿而沮喪或生氣，可以用波浪刀切出花紋，或是在表面撒一些椰子粉、芝麻，增加摩擦力，就會比較好拿。

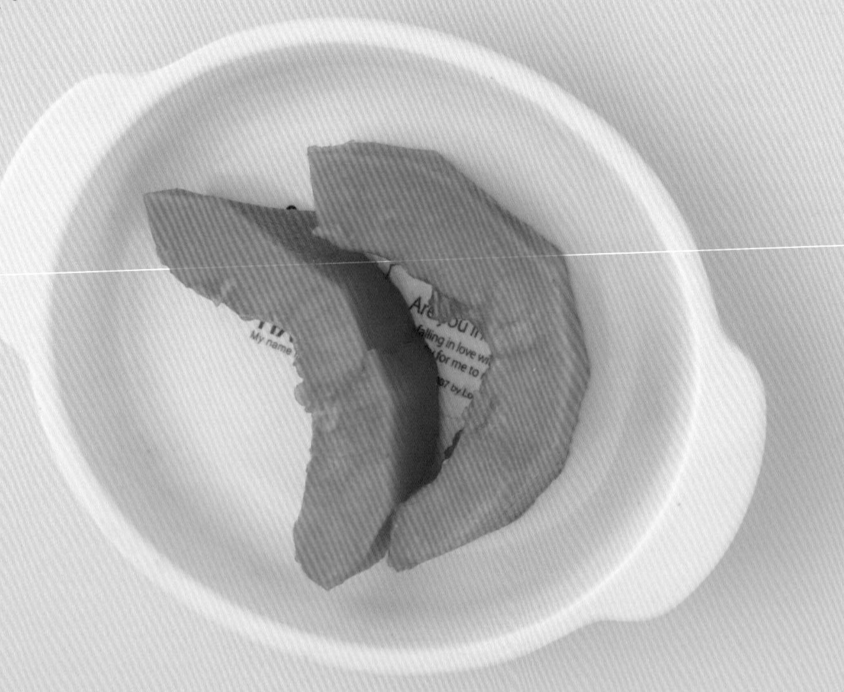

# 香蕉

***banana***

香蕉是超級方便的手指食物，口感柔軟適中也不滑，寶寶很好抓握，只需要剝皮切一半就可以了。除了直接吃，香蕉放在料理中也非常萬用，香甜的味道可以用來取代糖，我常常用香蕉做甜點，健康又高纖。

## 切法

香蕉去皮後切一半，長度要能夠讓寶寶抓握時露出一小截啃咬。

## 食用方式

初期直接食用即可。另外，香蕉泥除了加優格，也可以做成燕麥粥，讓寶寶自己用湯匙挖著吃，練習自主進食。

★「香蕉燕麥粥」作法：燕麥片和配方奶放入鍋中，煮到燕麥片軟化後加入香蕉泥攪拌，煮到喜歡的濃稠度即可。

# 火龍果

*pitaya*

寶寶如果有便秘問題可以試試火龍果，其豐富的膳食纖維有助於排便。而且火龍果味道甜、口感軟硬適中，寶寶很喜歡。一開始不妨先從白色火龍果開始，因為紅色火龍果沾到衣服上會比較難清洗 。

## 切法

選擇成熟且柔軟的火龍果，軟度大概是用舌頭頂到上顎可以輕易壓碎的程度。切成長條形，大小約 2 根大人手指頭的寬度。

## 食用方式

初期直接食用即可。也推薦將火龍果榨成汁，做成火龍果鬆餅。

## POINTS

- 火龍果質地滑，先用波浪刀切出花紋，寶寶會更好抓握。
- 練習吃火龍果可能會有些髒亂，但不要責怪寶寶，這是學習的過程，如同第一次用水彩筆畫畫一定會灑得到處都是。讓寶寶穿不怕髒的衣服，盡情享受探索食物的樂趣吧！

# 酪梨

avocado

酪梨含單元不飽和脂肪酸，也可幫助寶寶排便順暢。不要覺得單吃酪梨很奇怪，有不少媽媽曾被指責說寶寶才不吃這種沒味道的食物，但不試試看怎麼會知道？除了體驗味道外，寶寶也能在過程中感受食物帶來的視覺、觸覺、嗅覺、味覺的探索遊戲。

## 切法

酪梨剝皮、去籽後，對半切。

## 食用方式

初期直接食用即可。或是壓成泥裝進碗中，讓寶寶嘗試用湯匙自己挖著吃，當成訓練自主進食的方式。

## POINTS

- 成熟的酪梨表皮會是深色（不是綠色）、摸起來軟軟的，給寶寶之前，建議大人先切一塊放入口中，確認是用舌頭將其頂到上顎可以壓爛的程度，一定要是柔軟的。
- 酪梨去皮後比較滑，剛開始可以先在表面撒一些磨細的堅果粉或是椰子粉，增加摩擦力讓寶寶更好抓握。
- 堅果屬於容易過敏的食物，若第一次食用建議先少量，觀察有無過敏反應。

CHAPTER

# 4

baby finger foods

# （初期）

# 6～9個月寶寶的手指食物

這個章節的食譜分為「主食」「配菜」「點心」，
各挑選一道或是搭配蔬菜、水果，就是豐盛的寶寶餐。
由於此階段寶寶還在喝奶，主要營養來源不是副食品，
每餐少量提供就可以了，不需要在意寶寶吃多吃少。

主食

6 ~ 9 months baby

# 捏不爛南瓜飯糰

給寶寶吃白飯時，爸媽們肯定遇過這個問題：白飯不好用手拿，不是被寶寶捏爆散掉，就是全部黏在手裡吃不進去。我在用白米準備手指食物時思索了很久，終於找到這個好辦法！不只能讓寶寶攝取到澱粉還有很多蔬菜營養，重點是寶寶很好拿起來，吃的時候很有成就感喔！

保存期限：**冷凍 5 天** ｜ 分量：**約 5 片**

**材料**

白飯 … 100g
南瓜 … 60g
玉米粒 … 15g
玉米粉 … 6g
無鹽海苔 … 少許
橄欖油 … 少許

**作法**

1. 先將南瓜切片蒸熟後壓成泥。
2. 玉米粒燙熟（也可以直接使用無鹽玉米罐頭）。
3. 把熟白飯加入南瓜泥、玉米粒和玉米粉攪拌均勻。
4. 手沾一點水防沾黏，把飯糰捏成圓餅狀，再於兩面貼上海苔。
5. 鍋中倒入少許油，把圓餅狀的飯糰以小火慢煎一下，煎到表面金黃就完成了。

**POINTS**

- 蒸南瓜時建議在碗上蓋一層鋁箔紙，防止過多水氣跑進去，這樣做出來的飯糰才不會太濕、不好成團。
- 蔬菜可以隨寶寶喜好，將玉米改成煮熟的青豆、紅蘿蔔丁、香菇丁等食材自由替換。
- 這道食譜再搭配一份蔬果和一份肉類，例如一兩片煎魚和豆子，就是營養豐盛的寶寶餐。

6 ~ 9 months baby

# 花椰菜薄煎餅

花椰菜是非常適合寶寶的超級食物，含有維他命 A、B、鈣、磷、鐵等多種營養。在剛練習自主進食時，寶寶很喜歡拿著一根花椰菜啃，除了單啃它，也可以試試做成煎餅，讓寶寶體驗更多花椰菜的吃法。

保存期限：**冷凍 5 天**
分量：**約 10 片**

主食

6 ~ 9 months baby

# 南瓜無蛋發糕

發糕的口感鬆軟好咀嚼很適合寶寶，吃起來有點像超蓬鬆的饅頭，但更棒的是它完全不需要揉麵，只要把所有食材攪拌均勻就幾乎完成所有步驟了。這道食譜我使用吃起來較甜的栗子南瓜，不需要添加糖就很香甜。我家寶寶小時候真的很愛吃發糕，一星期都要吃好幾次呢！

保存期限：**冷凍 5 天**

分量：**1 大塊，分切 6-8 小塊**

# 花椰菜薄煎餅

### 材料

花椰菜 … 40g　　白芝麻粒 … 少許
雞蛋 … 1 顆　　橄欖油 … 少許
中筋麵粉 … 25g

### 作法

1 先將花椰菜燙熟後，與雞蛋、麵粉一同放入調理機。Ⓐ

2 攪拌到麵糊細膩沒有顆粒感，加入白芝麻混勻。Ⓑ

3 鍋中放入少許油，倒入麵糊薄薄攤平後，開小火兩面煎熟即可。Ⓒ

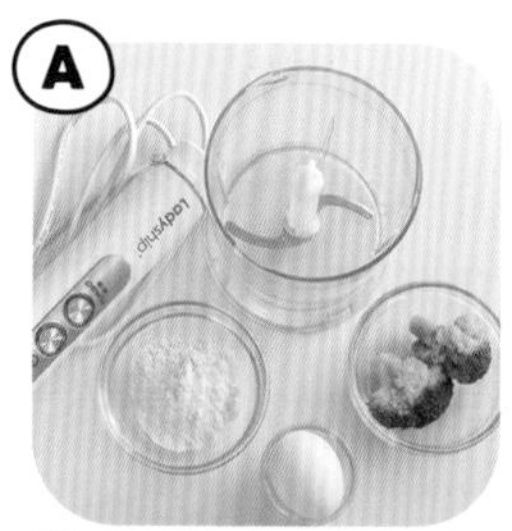

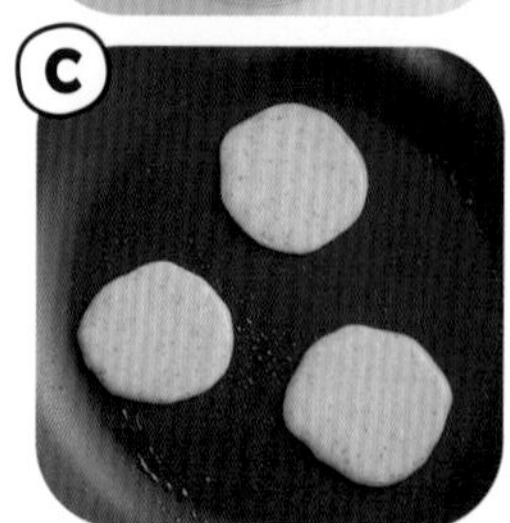

### POINTS

- 蔬菜可以換成任何綠色蔬菜，例如菠菜、羽衣甘藍、青江菜等等，務必先燙熟再打成泥。
- 喜歡吃肉的寶寶，可以放一些絞肉增加風味。
- 吃不完的煎餅可以冷凍保存，食用前再用電鍋加熱一下，不過當然還是現煎現吃口感最好！

# 南瓜無蛋發糕

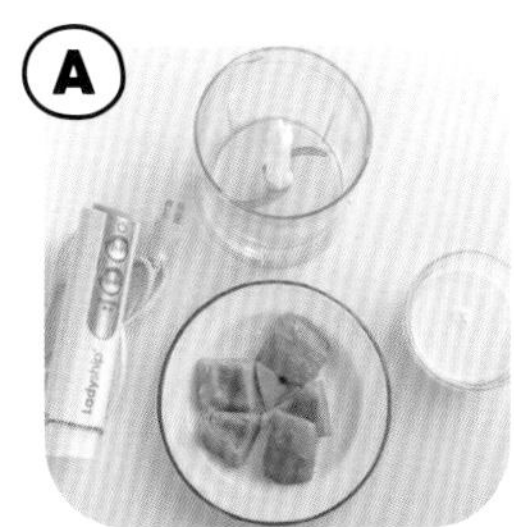

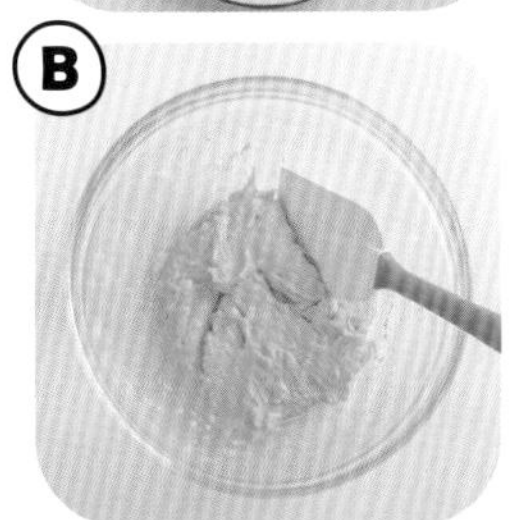

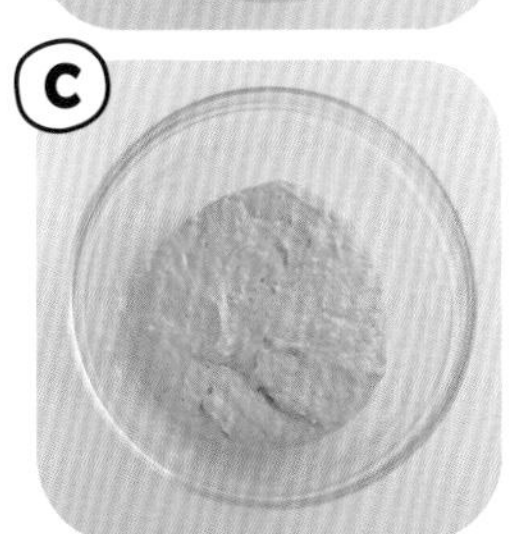

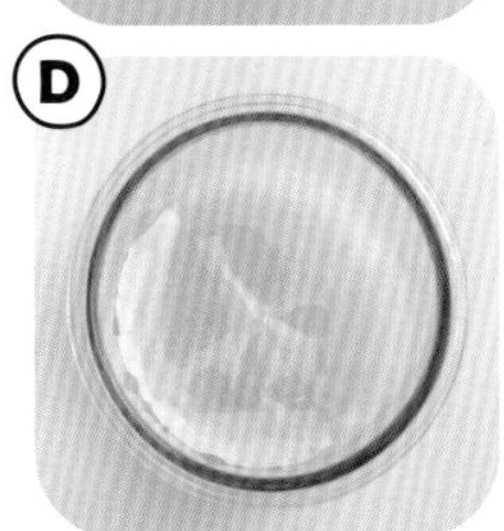

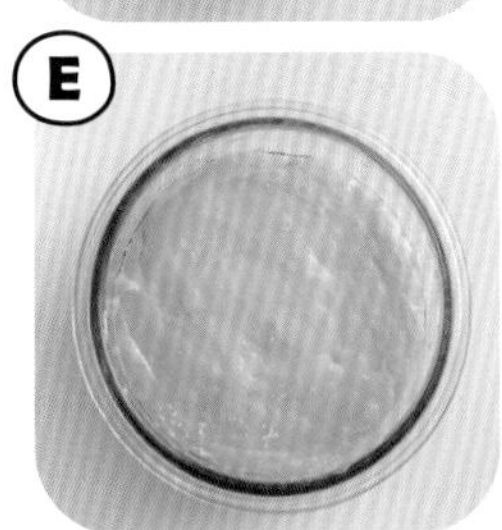

### 材料

栗子南瓜 … 100g　中筋麵粉 … 80g
牛奶或配方奶 … 70g　酵母粉 … 1.5g

### 作法

1. 先將栗子南瓜蒸熟去皮後，加入牛奶，用調理機打成細膩的泥狀。Ⓐ
2. 南瓜泥加入麵粉和酵母粉拌勻，形成濃稠不易滴落的麵糊。Ⓑ
3. 蓋上保鮮膜發酵 1 小時，麵糊會變成約一倍大而且有氣泡。確認發酵完成後，把麵糊攪拌一下排氣。Ⓒ
4. 容器中抹油、底部鋪上烘焙紙。Ⓓ
5. 倒入麵糊，放入蒸鍋蒸約 40 分鐘，取出後切塊就可以食用。Ⓔ

### POINTS

- 推薦一次多做一些發糕切塊密封，放入冷凍保存，食用前不用退冰，直接電鍋加熱即可。
- 發酵是這道食譜能不能成功的關鍵，我使用烤箱發酵功能發酵約 1 小時，若是沒有烤箱發酵功能，要依據溫度調整發酵時間，天氣較冷時會需要延長發酵時間，若是麵糰聞起來發酸，就是發酵過頭囉。

主食

6 ~ 9 months baby

# 黑米地瓜煎餅

寶寶的主食不一定只有白飯，我也喜歡讓寶寶吃地瓜、馬鈴薯、藜麥、燕麥等等，比起精緻白米含有更多膳食纖維、維生素，更重要的是味道與口感多元豐富。不用再煩惱寶寶為什麼都不肯吃粥，很有可能只是吃膩了，偶爾換換不同主食也能增加孩子對食物的興趣！

保存期限：**冷藏 2 天** | 分量：**約 5 片**

### 材料

熟黑米飯 … 20g
地瓜 … 65g
雞蛋 … 半顆（約35g）
中筋麵粉 … 10g
橄欖油 … 少許

### 作法

1. 先將黑米煮熟，取出 20g 備用。
2. 地瓜用刨絲器刨成細絲，放入電鍋蒸 10 分鐘取出，再加入熟黑米、雞蛋、麵粉拌勻，讓地瓜均勻沾裹麵糊。
3. 鍋中放入少許油，將地瓜糊用手稍微捏成團放入鍋中，邊煎邊用鍋鏟壓成餅，開小火，加鍋蓋慢慢煎到兩面金黃即可。

**POINTS**

- 黑米又叫黑糙米，富含花青素以及膳食纖維，跟紫米（紫糯米）不一樣喔。
- 對蛋白過敏的寶寶可以只加蛋黃，如果完全不能吃蛋，改加少許水，讓麵糊能沾黏住食材即可。

主食

6 ~ 9 months baby

# 地瓜麵線煎

寶寶不肯吃麵條嗎？爸媽們先不要灰心，也許是單吃麵條太無趣了，加一顆蛋一點蔬果，味道馬上升級！做成麵線煎的好處不只是好吃，對於小月齡的寶寶也更加友善，比起抓取一條條細細的麵，麵線煎很容易拿起來，寶寶可以在練習過程中獲得很多成就感。

保存期限：**冷凍 5 天** ｜ 分量：**1 大片，分切約 8 片**

## 材料

乾無鹽麵條 … 35g
地瓜 … 30g
雞蛋 … 1 顆
任何喜歡的青菜 … 10g
橄欖油 … 少許

## 作法

1. 將乾無鹽麵條剝成約 1 公分長的小段，放進滾水中煮熟後撈出。
2. 把地瓜放入電鍋蒸熟，放涼後用叉子壓成泥。
3. 無鹽麵條、地瓜泥、切碎的青菜、雞蛋攪拌均勻。
4. 鍋中倒入少許油，開小火，倒入麵糊加蓋煎熟，食用時再切成寶寶適合抓握的大小。

## POINTS

- 寶寶一歲前的食物不建議添加太多鹽，現在市面上很容易買到無鹽寶寶麵，而且有多種口味，隨時常備在家中，方便又省事。
- 寶寶喜歡吃帶有甜味的食物，所以食譜添加了地瓜泥，也可以等比例改成南瓜泥或是馬鈴薯泥，幫助寶寶攝取各種蔬果營養。
- 麵線煎可以當作寶寶的早餐，想要豐富一點，也推薦再多搭配各一份蔬果及肉類，例如一兩片煎魚和花椰菜，營養又省時。

主食

6 ~ 9 months baby

# 蔬菜麵條丸子

除了前面教的麵線煎，麵條丸子也是幫助寶寶更順利吃麵的好方法。搓成一顆顆小球，很好抓取不易散掉，可以吃到更多蔬菜，口感香香軟軟的也容易咀嚼。不用特別買材料，打開冰箱使用現有食材就可以製成，所以說手指食物真是個省錢省時的副食品好方法。

保存期限：**當餐吃完** | 分量：**約 6 顆**

## 材料

乾無鹽麵條 … 35g
紅蘿蔔 … 10g
青江菜 … 10g
雞蛋 … 少許
玉米粉 … 5g

## 作法

1. 紅蘿蔔和青江菜煮熟後切碎；雞蛋煎熟後切碎末。
2. 將乾無鹽麵條用滾水煮熟，麵條太長的話先剪成約 0.5 ～ 1 公分的長度再煮。
3. 準備一個大碗，放入切碎的蔬菜、雞蛋、麵條以及玉米粉攪拌均勻，再捏成小丸子。
4. 捏好的丸子放入蒸鍋中，盤子底下記得墊一張烘焙紙，蒸 10 分鐘後放涼即可食用。

## POINTS

- 食譜裡的蔬菜可以自由變換，只要事先煮熟切碎就可以做成各種口味。對雞蛋過敏的寶寶也可以把蛋改成豬絞肉。
- 玉米粉有助於丸子塑形、不散開，不建議省略。

主食

6 ～ 9 months baby

# 牛肉蔬菜可樂餅

日本經典的可樂餅，寶寶也可以吃嗎？改良後當然沒問題。這道寶寶可樂餅不需要油炸，口感鬆軟容易咀嚼，也非常好抓取。如果媽咪們正發愁不知道怎麼準備馬鈴薯料理給寶寶的話，這道食譜絕對適合，小小一顆就含有四種蔬菜呢！

保存期限：**冷凍 5 天** ｜ 分量：**約 5 片**

### 材料

馬鈴薯 … 130g
牛絞肉 … 25g
洋蔥 … 20g
紅蘿蔔 … 10g
玉米粒 … 10g
玉米粉 … 10g
橄欖油 … 少許

### 作法

1. 先將馬鈴薯用電鍋蒸熟後壓成泥；洋蔥切成末，紅蘿蔔切細末，玉米切碎。
2. 鍋中倒入少許油，放入洋蔥末、紅蘿蔔末、玉米碎末和牛絞肉，炒香後盛出。
3. 將炒好的蔬菜丁加入馬鈴薯泥、玉米粉抓拌均勻後，捏成可樂餅的形狀。
4. 在可樂餅表面噴上少許的油，放入氣炸鍋以 170℃烤 15 分鐘；或是用平底鍋加入少許油，煎到表面金黃即可享用。

### POINTS

- 想多做一點保存時，捏好的可樂餅不用煎，直接密封、放置冷凍庫，食用前再稍微退冰，以平底鍋小火煎一下就好囉。
- 蔬菜可以隨寶寶的喜好變換，不吃牛肉也可以改成豬肉。
- 想讓可樂餅的口味更豐富，可以試試在中間包入低鈉起司，做成升級版的起司可樂餅。

6 ~ 9 months baby

# 雞肉地瓜餅

許多父母會有個迷思，認為寶寶一定要吃白米才有營養，但其實，澱粉的選項還有地瓜、馬鈴薯、南瓜等各式各樣的種類，其中富含的營養甚至高於精緻澱粉的白米。這道食譜使用地瓜為基底，加入雞肉和蔬菜，香甜而且高纖，推薦給寶寶試試，一定比白飯更加討喜喔！

保存期限：**冷凍 5 天** ｜ 分量：**約 6 片**

### 材料

地瓜 … 100g
玉米粒 … 20g
雞肉 … 15g
低或中筋麵粉 … 6g
橄欖油 … 少許

### 作法

1. 將地瓜用電鍋蒸熟後壓成泥；玉米粒煮熟切碎（也可以直接使用無鹽玉米罐頭）。
2. 雞肉煮熟後放涼，用手剝成細絲再切細碎。
3. 把地瓜泥、玉米碎末、雞肉絲和麵粉攪拌均勻，捏成圓餅狀。
4. 平底鍋中加入少許的油，煎到表面金黃即可享用。

**POINTS**

- 如果不是要當餐吃，地瓜餅不用煎熟，可以直接密封、放置冷凍庫保存，食用前再放入平底鍋，以小火煎一下就可以上菜囉！
- 給月齡小的寶寶食用玉米粒時，建議切碎，能降低嗆到的風險。
- 蔬菜可以隨寶寶的喜好變換，雞肉也可以換成牛肉或是豬肉。
- 想讓地瓜餅的口味更豐富，可以試試加入蔥花或是香菜末。這道料理大人也會喜歡，只需額外加一點鹽，就可以跟寶寶一起享用！

miniware

主食

6 ~ 9 months baby

# 香蕉燕麥鬆餅

香蕉營養豐富，很適合做為寶寶初期的手指食物。這道鬆餅不需要額外添加糖，只使用香蕉自身的甜分，吃起來甜甜軟軟，寶寶好咀嚼，也容易抓取不會散掉。試試用這道大人和孩子可以一起享用的鬆餅當早餐吧！享受親子共食的快樂。

保存期限：**冷藏 1 天**
分量：**約 8 ～ 10 片**
（適合 1 個成人和 1 個寶寶）

## 材料

即食燕麥片 … 40g
香蕉 … 1 根（約100g）
雞蛋 … 1 顆
橄欖油 … 少許

## 作法

1 將燕麥片用調理機打成粉（也可直接買燕麥粉）。

2 接著將香蕉稍微切片後放入調理機中，加入雞蛋，和剛剛打好的燕麥粉一起打成細膩的糊狀。Ⓐ

3 鍋中倒入少許油，開小火，直接倒一匙麵糊下去，手不需移動畫圓，麵糊會自然地攤開變成完美的圓形。Ⓑ

4 煎 1 分鐘左右，看到表面出現小氣泡就可以翻面（這是煎出漂亮鬆餅的訣竅！），慢慢煎到裡面熟了即完成。Ⓒ

**POINTS**

- 建議可以選擇熟一點的香蕉，鬆餅吃起來更香甜。
- 以香蕉燕麥鬆餅為基底搭配藍莓優格、草莓丁、無糖堅果醬等，用一點巧思讓口味和營養更豐富，寶寶也不容易吃膩。

A
B
C

主食

6 ~ 9 months baby

# 蔓越莓蘋果格子鬆餅

蘋果絕對是加入鬆餅的好選擇，這樣不需要額外添加糖也能甜甜的，再搭配一點酸甜的蔓越莓乾，對寶寶來說甜味就很足夠了。基本上沒有寶寶會拒絕這道料理，吃起來鬆軟又有蘋果的清香，非常適合當早餐或是小點心。

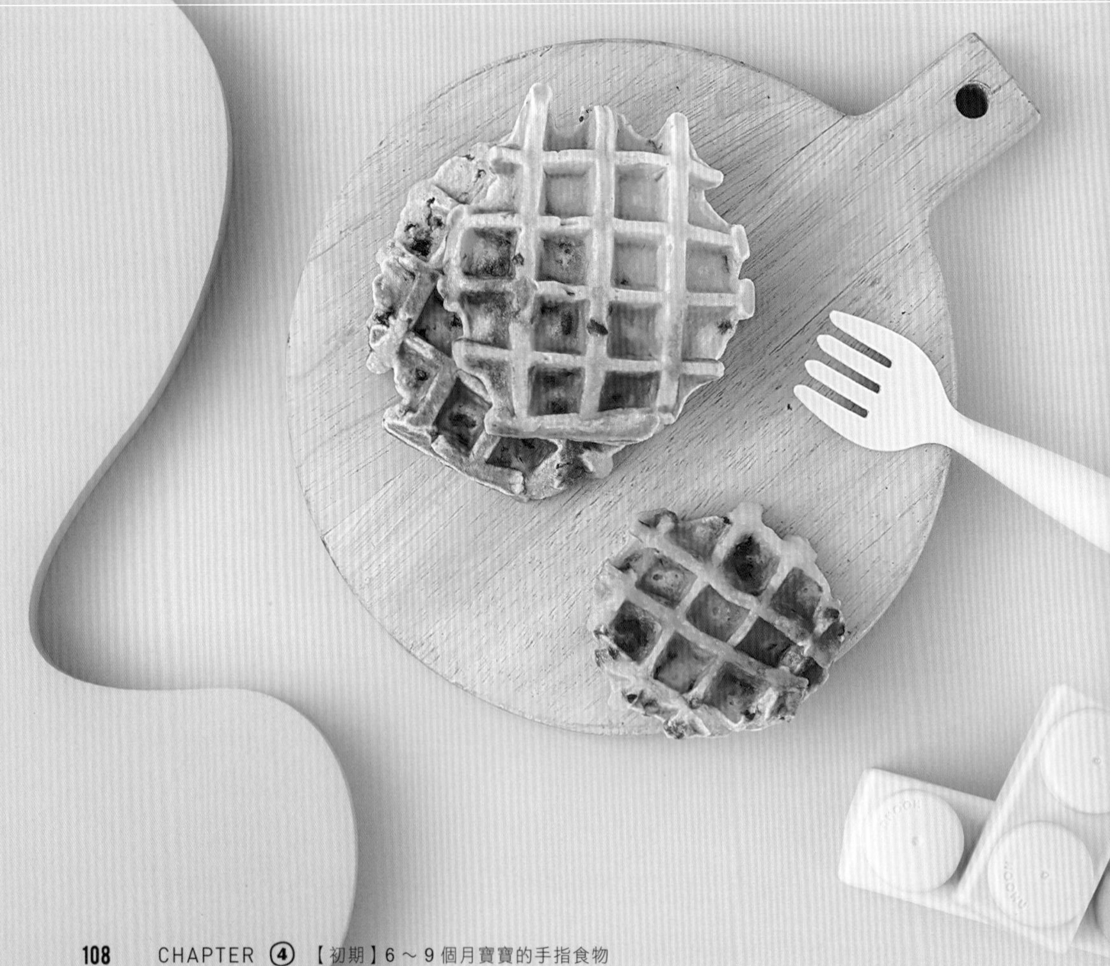

保存期限：**冷凍 5 天** | 分量：**約 5 片**

## 材料

蘋果 … 30g

蔓越莓乾 … 15g　雞蛋 … 1 顆

低筋麵粉 … 60g　橄欖油 … 少許

## 作法

1. 先將蘋果去皮切成丁；蔓越莓乾切成碎末。
2. 把蘋果丁、麵粉和雞蛋用調理機拌勻成細膩、濃稠度約如同優酪乳般的麵糊，再加入切碎的蔓越莓乾拌勻。
3. 將鬆餅機預熱，刷上少許油，倒入麵糊等待約 3 分鐘就完成了。沒有鬆餅機也不用擔心，改用一般的平底鍋煎熟也可以（平底鍋煎更柔軟）。

## POINTS

- 加入少許的果乾可以幫鬆餅增加額外的甜味，但記得要切碎，不要直接給一整顆喔。
- 對蛋白過敏的寶寶，可以將一顆雞蛋直接改成兩顆蛋黃。
- 攪拌時盡量用調理機或是攪拌棒，把麵糊打得細膩一些（大約2分鐘），打到稍微打發、看起來泛白、有點蓬鬆的程度，會更好吃。

主食

6 ~ 9 months baby

# 蘋果迷你甜甜圈

相信我～這樣的搭配真的很好吃，不用加糖就讓我那現在快兩歲的寶寶，一次吃掉了六個。食物並不是一定要重調味寶寶才會喜歡，善用各種食物本身的甜，也能做出美味的料理。可愛的甜甜圈造型也讓寶寶愛不釋手，拿著它觀賞了好久呢！

保存期限：**當餐吃完**
分量：**約 16 個**

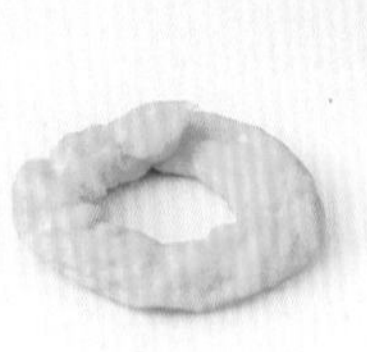

## 材料

地瓜 … 80g
蘋果 … 30g
雞蛋 … 1 顆
低筋麵粉 … 15g
肉桂粉（可省略） … 少許

## 作法

**1** 先將地瓜切塊蒸熟。再把熟地瓜、雞蛋和麵粉用調理機打成泥狀（可以依喜好加少許肉桂粉）。Ⓐ

**2** 將蘋果切成細小的碎丁，跟麵糊拌勻後，裝進擠花袋中。Ⓑ Ⓒ

**3** 烤盤鋪上烘焙紙，把蘋果麵糊擠成甜甜圈的形狀。Ⓓ

**4** 放入預熱好的烤箱中，以 150℃ 烤約 20 分鐘即完成。

### POINTS

- 地瓜也可以改成馬鈴薯。
- 蘋果切細一些，這樣擠麵糊時才不容易卡住袋口。
- 如果不排斥肉桂味道，強烈推薦添加肉桂粉，風味會更有層次。
- 盡量當天食用完畢，放久了口感會變乾。

Ⓐ
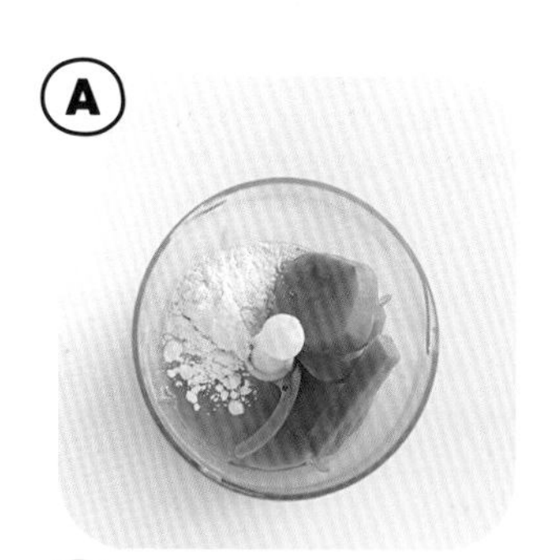

Ⓑ

Ⓒ
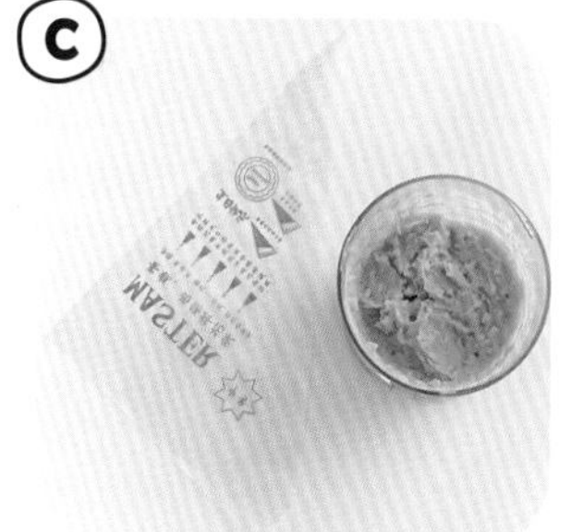

Ⓓ
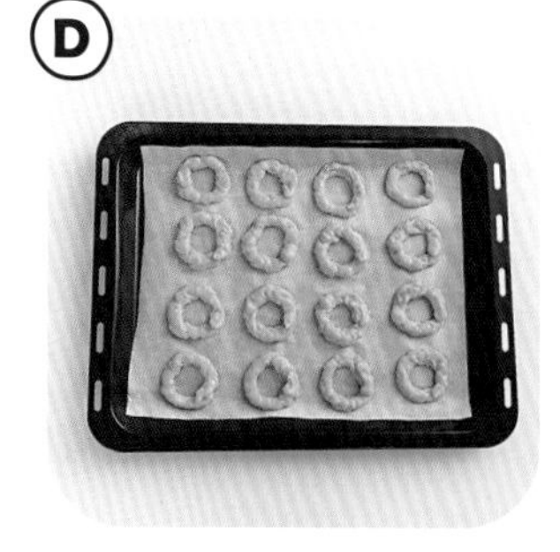

配菜

6 ~ 9 months baby

# 菇菇牛肉丸

牛肉除了燙熟或是煎熟，做成肉丸也非常好吃！這個版本是專為寶寶改良的，所以沒有添加雞蛋，對蛋過敏的寶寶也很友好。綿綿軟軟的口感非常適合當初期手指食物。我喜歡多做一些冰起來，晚餐時稍微煎一下，搭配個燙青菜和蒸地瓜，就能跟孩子一起享用晚餐，我家寶寶每次都吃得很認真呢！

保存期限：**冷凍 5 天**
分量：**約 6 ~ 8 個**

## 材料

牛肉 … 160g　　鴻喜菇 … 15g
馬鈴薯 … 30g　　玉米粉 … 10g
紅蘿蔔 … 10g　　橄欖油 … 少許

## 作法

1. 先將馬鈴薯切薄片蒸熟；紅蘿蔔和鴻喜菇燙熟備用。
2. 把牛肉和處理好的蔬菜、菇類，加入玉米粉，用調理機攪打均勻。
3. 手上抹少許油防沾黏，將肉泥捏成圓餅狀。
4. 鍋中放入少許油，開小火，煎到兩面金黃、肉丸熟了即完成。

POINTS

- 內餡的蔬菜可以依家裡現有的蔬菜自由變換，如：花椰菜、玉米、青椒等。
- 想要多做一些冷凍的話，把肉丸煎熟後放涼，密封冷凍保存，食用前稍微退冰，再用平底鍋加熱即可。

配菜

6 ~ 9 months baby

# 紅蘿蔔豬肉小香腸

小香腸絕對是必備的寶寶冷凍常備餐！只需要把所有食材拌勻就完成了，長條的形狀寶寶很好抓握，口感香香軟軟的，重點是非常好吃，幾乎沒有寶寶會拒絕。不要覺得肉類不好消化，成長中的寶寶很容易缺鐵，只要適度攝取不過量，肉肉就是補鐵和蛋白質的好幫手！

保存期限：**冷凍 5 天** ｜ 分量：**約 12 根**

## 材料

豬肉 … 120g

紅蘿蔔 … 30g

蛋白 … 10g

玉米粉 … 5g

橄欖油 … 少許

## 作法

1. 先將紅蘿蔔蒸熟或是滾水煮熟。
2. 把熟的紅蘿蔔、豬肉、蛋白和玉米粉放入調理機中，攪打成肉泥，再裝進擠花袋。
3. 準備一大張鋁箔紙，剪成 12 張約 9×15 公分的長方形。Ⓐ
4. 把豬肉泥在鋁箔紙上擠成條狀後捲起來，像糖果包法一樣將兩邊收口。放入電鍋蒸約 30 分鐘。ⒷⒸⒹ
5. 蒸熟的豬肉香腸可以直接食用。或是在鍋中放少許油，煎到表面金黃，更香更好吃。

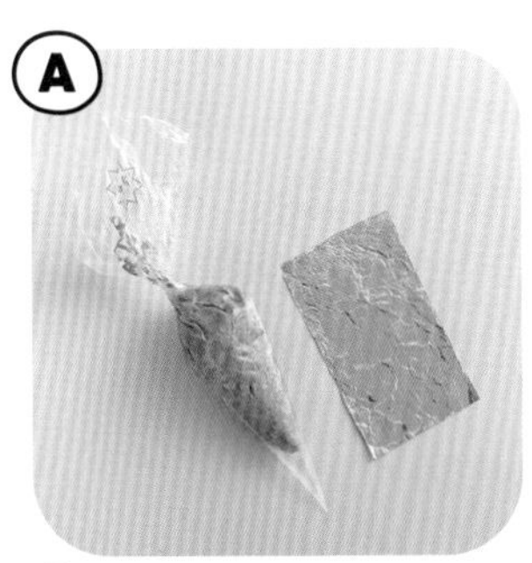
Ⓐ

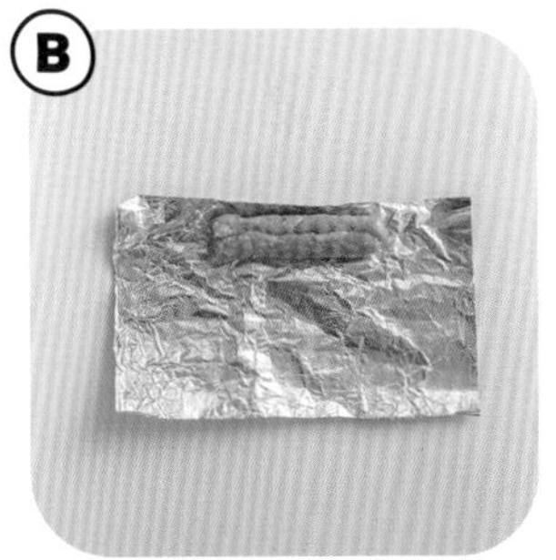
Ⓑ

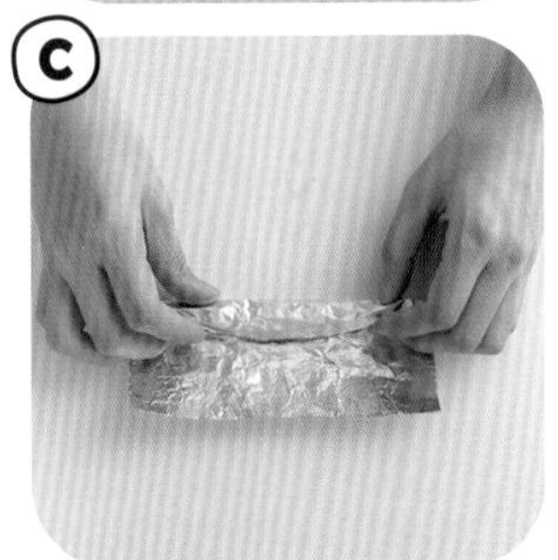
Ⓒ

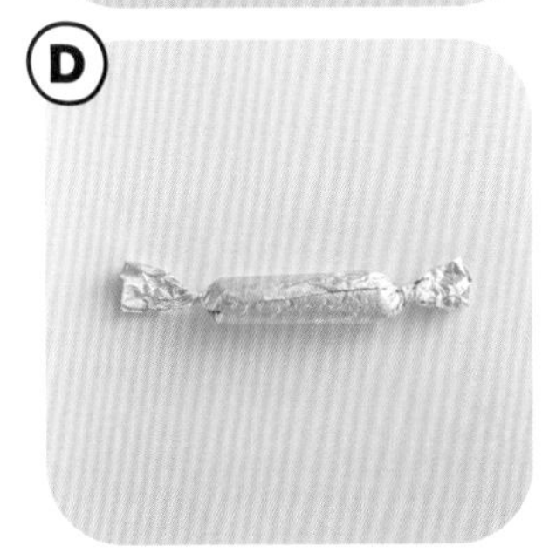
Ⓓ

### POINTS

- 香腸可以一次做多一點，蒸熟放涼後密封冷凍，食用前再退冰，用平底鍋煎熱即可。
- 寶寶食用的豬肉可以選擇較低脂的部位，或是改成牛肉味道也很好。
- 食譜裡面的蔬菜可以自由變換，也可以多加入玉米、豆子等。

配菜

6 ~ 9 months baby

# 軟嫩豬肉糕

寶寶咬不動肉怎麼辦？很多媽媽應該跟我一樣遇過這樣的困擾吧！雖說寶寶可以靠吸咬肉汁得到鐵質營養，但如果想幫助寶寶吃進更多肉，也很推薦大家試試這個讓肉更軟嫩好咀嚼，且可以切成條狀方便抓握的方法。一次多做一點冷凍保存，當寶寶的肉類常備餐也很方便喔！

保存期限：**冷凍 5 天** | 分量：**分切約 4 大塊**

### 材料

豬肉 … 130g
蛋白 … 1 顆
花椰菜 … 1 朵
紅蘿蔔 … 10g
玉米粉 … 10g

### 作法

1. 把豬肉、蛋白、花椰菜、紅蘿蔔、玉米粉用調理機打成泥狀。
2. 準備一個略小的容器，底部鋪烘焙紙，模具內部抹一層薄薄的油幫助脫模，然後倒入豬肉泥。
3. 放入電鍋蒸 20 ~ 25 分鐘，蒸好切塊就可以享用。或是用平底鍋加少許油，煎到焦黃，味道會更香。

### POINTS

- 蒸好的豬肉糕，切塊稍微放涼後就可以密封、冷凍保存，食用前再稍微退冰，用平底鍋煎一下就可以上菜囉！
- 蔬菜可以隨寶寶的喜好變換，豬肉也可以換成牛肉或是雞肉。以此配方為基底變換食材，就能夠做出多種口味，吃一星期也不膩。
- 給月齡大一點的寶寶吃，可以加少許的寶寶醬油提味，風味更佳。

6 ~ 9 months baby

# 蘿蔔絲丸子

很多媽咪反應，寶寶不愛吃蔬菜要怎麼讓他多吃一點？和肉類混合就是一個很不錯的選擇。我不喜歡強迫寶寶吃他討厭的食物，因為容易讓他對吃飯產生不好的印象，建議透過改變食物的形狀、口感、口味，讓寶寶重新嘗試，這比起單啃青菜有趣許多喔！

保存期限：**冷凍 5 天** | 分量：**約 5 ～ 7 顆**

**材料**

白蘿蔔 … 80g
香菇 … 1 朵
豬絞肉 … 60g
玉米粉 … 5g

**作法**

1. 先將蘿蔔刨成絲，滾水下鍋煮約 1 分鐘到蘿蔔變軟，撈出後用紗布或手擠乾水分。
2. 香菇燙熟後切碎。
3. 把蘿蔔絲、香菇碎、豬絞肉和玉米粉攪拌均勻。
4. 手上抹少許油，取等分搓成丸子。
5. 放入蒸鍋中蒸約 15 分鐘即可。

**POINTS**

- 水煮蘿蔔絲擠乾水分會比較好搓成丸子，如果還是太濕不好搓，可以適當加些麵粉增加稠度。
- 可以多做一點，蒸熟放涼後密封冷凍，食用前進電鍋蒸一下加熱即可。
- 給大一點的寶寶吃時，可以添加少許寶寶醬油調味。

配菜

6 ~ 9 months baby

# 鯛魚高麗菜蛋

想幫助寶寶吃進更多的蔬菜嗎？那一定要試試看高麗菜料理。高麗菜是寶寶很容易接受的蔬菜，切成絲做成煎蛋後，更能激發出清香，是一道非常適合親子共食的料理。低脂高纖，連大人都很喜歡吃喔！

保存期限：**冷藏 1 天**
分量：**1 大片**
（適合 1 個大人和 1 個寶寶）

**材料**

無刺鯛魚片 … 50g　雞蛋 … 1 顆
高麗菜 … 40g　橄欖油 … 少許

**作法**

1. 先將鯛魚片蒸熟後剝成細碎。
2. 高麗菜切成細絲。
3. 將剝碎的魚肉、高麗菜絲和雞蛋攪拌均勻。
4. 鍋中放少許油，倒入混勻的步驟 3，蓋上鍋蓋，開小火慢慢煎，定型後翻面，最後煎到兩面金黃，即可切塊食用。

**POINTS**

- 這道料理沒有加麵粉，所以煎的時候不能心急，一定要等到定型才能翻面。記得高麗菜絲要切細一點才比較好熟。
- 如果覺得幫寶寶準備魚料理去刺很麻煩，可以購買市面上的寶寶魚片，已經去除好刺、分裝成小包裝，直接煎熟就好，料理起來很方便。鯛魚可以改成任何寶寶喜歡的魚，例如：鮭魚、鱸魚等。
- 一歲以上的寶寶可以加鹽調味。大人也加上喜歡的醬料，跟寶寶一起享用。

配菜

6 ~ 9 months baby

# 紅白蘿蔔糕

蘿蔔糕軟軟嫩嫩的，很適合當寶寶的手指食物。第一次給我家寶寶這道無鹽的蘿蔔糕，原以為他會嫌棄蘿蔔清淡無味，結果竟然全部秒殺吃光光，我吃一口就知道他為什麼這麼喜歡，因為真的很甜，是兩種蘿蔔煮熟後所釋放出的自然清甜。這道料理甚至沒有加入任何的肉呢，單單蔬菜就已經非常好吃。

保存期限：**冷藏 2 天** ｜ 分量：**1 大塊**
（適合 1 個大人和 1 個寶寶）

### 材料

白蘿蔔 … 150g
紅蘿蔔 … 50g
乾香菇 … 2 朵（約 10g）
在來米粉 … 35g
玉米粉 … 5g

### 作法

1. 先將乾香菇泡開，擠乾水分後切碎。紅蘿蔔切絲備用。
2. 白蘿蔔磨泥後濾出水分，過濾出來的蘿蔔水留著備用。Ⓐ
3. 把在來米粉和玉米粉混合，加入過濾出的蘿蔔水，調成麵糊。Ⓑ
4. 將紅蘿蔔絲放入平底鍋中翻炒 2 分鐘後，加入步驟 2 的白蘿蔔泥、香菇丁，翻炒至蘿蔔變軟。Ⓒ
5. 轉小火，鍋中直接倒入步驟 3 調好的麵糊，跟剛剛的餡料一起拌炒至麵糊熟化。所有食材會變成一團，過程約 4 分鐘。Ⓓ Ⓔ
6. 容器中抹少許油，底部鋪烘焙紙，放入蘿蔔糕糰鋪平，用電鍋蒸約 25 分鐘。Ⓕ
7. 蒸熟後放涼即可食用。或是再用平底鍋稍微煎過，增添香氣，更美味。

POINTS

♦ 白蘿蔔削皮時可以削兩層，把硬硬的纖維去除。

♦ 蒸熟後要放涼再從容器中取出，才不容易碎裂。

♦ 鍋中加入麵糊烹煮時需轉成小火，因為麵糊容易焦，只要煮到麵糊從液狀變凝固，就可以放進容器去蒸熟。

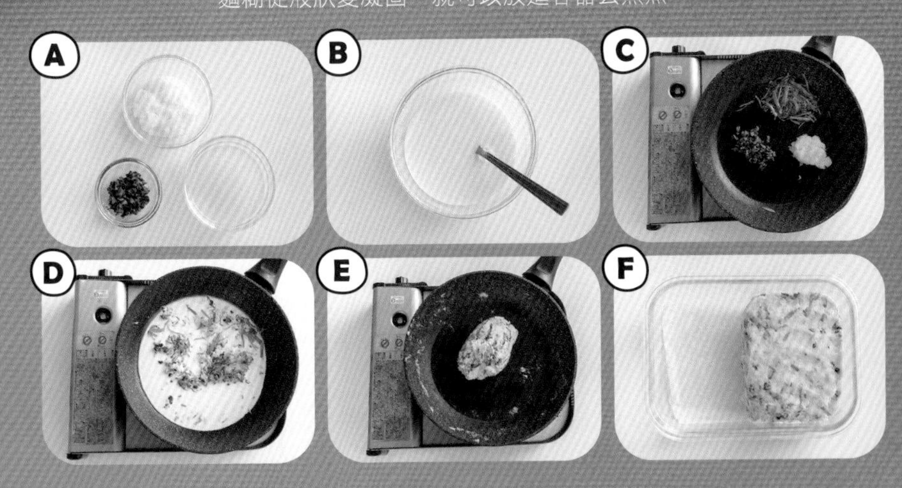

配菜

6 ~ 9 months baby

# 藜麥南瓜煎餅

藜麥的蛋白質含量很高，不吃肉類的寶寶可以多多攝取。藜麥本身沒有什麼味道，所以寶寶不會討厭，而且富含膳食纖維能幫助排便。因為還加了南瓜，對於愛吃甜的寶寶來說接受度很高。

保存期限：**冷藏 1 天** | 分量：**分切約 6 片**

**材料**

熟藜麥 … 20g
南瓜 … 40g
雞蛋 … 1 顆
玉米粒 … 20g
麵粉 … 10g
橄欖油 … 少許

**作法**

1. 先將藜麥用電鍋蒸熟或用水煮熟，取出 20g 備用。南瓜蒸熟後去皮。
2. 把藜麥、南瓜、雞蛋、玉米粒、麵粉用調理機攪打均勻。
3. 鍋中放少許油，開小火，煎到兩面金黃即可。煎熟後切片享用。

**POINTS**

- 藜麥用水煮熟，時間約 15 分鐘；若是用一般電鍋蒸熟，藜麥和水的比例約 1：1。
- 想要更快速備餐時，前一天先把藜麥煮熟放進密封盒冷藏，隔天早上就可以馬上使用。
- 南瓜也可以改成熟地瓜，選用甜甜的蔬果，寶寶的接受度也會變高。
- 食譜裡面的蔬菜可以自由變換，例如：高麗菜絲、木耳切碎等等，換成冰箱現有的食材即可，我通常會使用當天晚餐要煮的食材切一點給寶寶，省錢省力。
- 給一歲前的寶寶吃玉米粒，建議切碎，可降低嗆到的風險。

配菜

6 ~ 9 months baby

# 香菇青菜餅

一定有媽咪會好奇，為什麼要選用羽衣甘藍這種少見又奇特的食材，可能大人都沒吃過。但我喜歡在寶寶還小時，讓他嘗試多樣化的食材，降低未來挑食的機率，長大遇到新食材也比較容易接受。很多寶寶從小吃同樣的泥狀食物，一歲後突然要嘗試固體食物就會無法接受而拒吃，讓爸媽懊惱不已。所以多讓寶寶試試各種健康食物，絕對有益無害！

保存期限：**冷凍 5 天** ｜ 分量：**約 6 個**

**材料**

羽衣甘藍 … 30g
香菇 … 30g
玉米粒（或無鹽玉米罐頭） … 15g
中或低筋麵粉 … 8g
橄欖油 … 少許

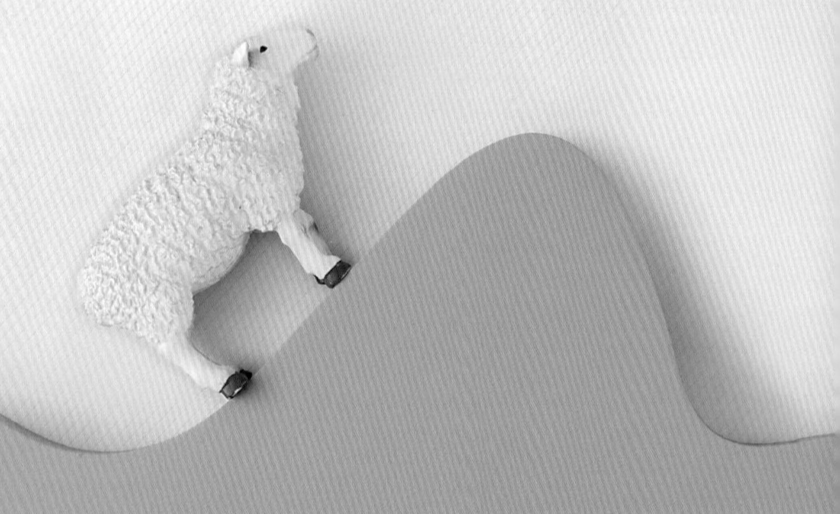

**作 法**

1 先將羽衣甘藍和香菇、玉米燙熟，撈出後切碎。碎度依據寶寶的咀嚼能力決定，咀嚼能力較好的可以切小丁。

2 把切好的蔬菜放入碗中，加入麵粉攪拌均勻。讓蔬菜均勻沾滿麵糊，若是太乾可以適量加一點水，完成濃稠、質地像優格般的蔬菜麵糊。

3 鍋中放入少許油，開小火，倒入蔬菜麵糊稍微鋪成圓餅狀，兩面煎熟後就可以食用。

**POINTS**

- 羽衣甘藍在歐美注重養身的人餐桌上常出現，是富含維生素 A、K、C 的超級蔬菜。若是沒有，也可以換成任何綠色蔬菜，例如菠菜、小松菜、青江菜等，記得先燙熟再加入喔！
- 喜歡吃肉的寶寶，可以額外加入一些絞肉或是蝦泥，增加煎餅的風味。
- 吃不完的煎餅放進冷凍庫保存，要吃時稍微退冰，用平底鍋加熱一下就可以食用。

配菜

6 ~ 9 months baby

# 蔬菜小球

時常有媽咪憂心問我，寶寶不吃蔬菜怎麼辦？我通常會建議先從甜甜的蔬菜開始，像是紅蘿蔔、高麗菜、洋蔥、玉米、南瓜等等，煮熟就會散發淡淡甜味的蔬果。這道蔬菜球聽起來好像充滿菜味，但不用擔心，我實際給寶寶後，他接連吃掉五個還不夠呢！

保存期限：**冷凍 5 天**

分量：**約 7 顆**

### 材料

洋蔥 … 60g
紅蘿蔔 … 40g
雞蛋 … 1 顆
中筋麵粉 … 15g
橄欖油 … 少許

### 作法

1. 將洋蔥和紅蘿蔔切成細絲（盡量切細一些）後，放入鍋中，開小火，炒到變軟、水分收乾。Ⓐ Ⓑ
2. 將蔬菜起鍋稍微放涼後，再加入雞蛋和麵粉攪拌均勻，讓蔬菜都均勻裹上麵糊。Ⓒ Ⓓ
3. 手上抹一點油，將蔬菜搓成丸子或圓餅狀。鍋中放少許油，兩面煎到金黃即可。Ⓔ Ⓕ

### POINTS

- 洋蔥和紅蘿蔔絲盡量炒軟炒熟，才能充分釋放蔬菜甜味。可以把水分炒乾一些，加入麵粉後比較容易搓成球不散開。
- 蔬菜小球可以先煎好放涼、冷凍保存，吃之前再用電鍋蒸熱。

6 ~ 9 months baby

# 寶寶薯條

薯條是很多小朋友的最愛，寶寶也不用擔心吃不到囉！這道薯條不需要油炸，口感軟綿更適合寶寶。很多寶寶不喜歡吃單純的蒸馬鈴薯，但做成薯條一根根好拿取就願意吃！只要試著把食物換個樣子，寶寶很有可能就會願意嘗試，趕快試看看吧！

保存期限：**當餐吃完**

分量：**約 30 根**


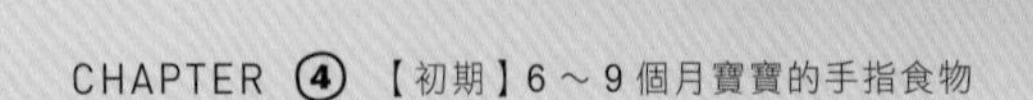

點心

6 ~ 9 months baby

# 蛋黃豆豆

我沒有遇過寶寶不愛蛋黃豆豆的！蛋黃豆豆入口即化、飄著淡淡奶香，會讓寶寶一口接一口。擔心外面零食不健康的爸媽們可以試試看，材料簡單只有三種，可以多做一些當作寶寶外出的小零食。而且它除了好吃，更棒的是不會吃的到處都是，只要照著步驟做就能一次成功喔！

保存期限：**常溫 3 天**
分量：**約 80 顆**

# 寶寶薯條

### 材 料

馬鈴薯 ⋯ 110g
花椰菜 ⋯ 10g
紅蘿蔔 ⋯ 10g
蛋黃 ⋯ 1 顆
植物油（或無鹽奶油）⋯ 8g
中筋麵粉 ⋯ 15g

### 作 法

**1** 先將馬鈴薯切塊蒸熟，花椰菜和紅蘿蔔燙熟。

**2** 所有材料放入調理機中，攪打均勻成蔬菜薯泥。Ⓐ Ⓑ

**3** 把蔬菜薯泥裝入擠花袋，剪一個小開口。Ⓒ

**4** 烤盤上鋪烘焙紙，把蔬菜薯泥擠成長條形。Ⓓ

**5** 放入預熱好的烤箱中，以 150℃ 烤約 30 分鐘。烤好後會有點澎澎的，因為薯泥很燙口，記得放涼後再給寶寶食用。

### POINTS

- 蔬菜可以自由變換成玉米等，只要記得先把蔬菜燙熟再添加即可。
- 薯泥需要攪打得細緻點，放入擠花袋中才會好擠。
- 植物油可用橄欖油、葵花籽油等，若是用無鹽奶油需先融化。
- 給一歲以上的寶寶可以添加少許鹽，喜歡奶香味的也可以加點奶粉，味道很香。

Ⓐ
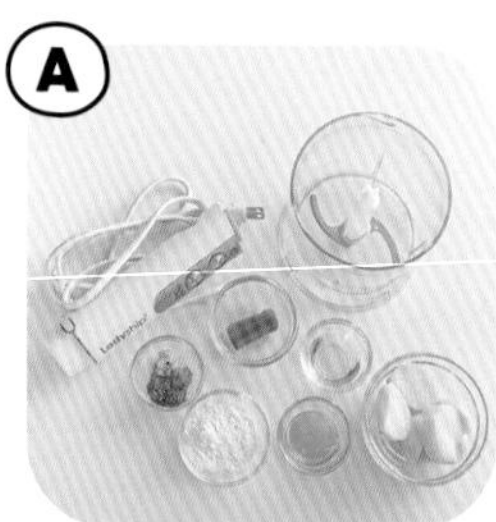

Ⓑ
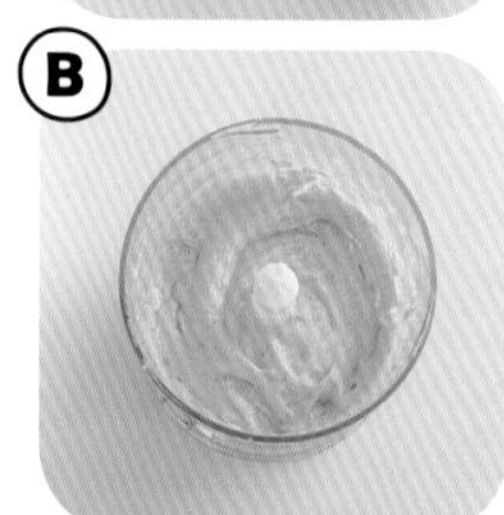

Ⓒ

Ⓓ
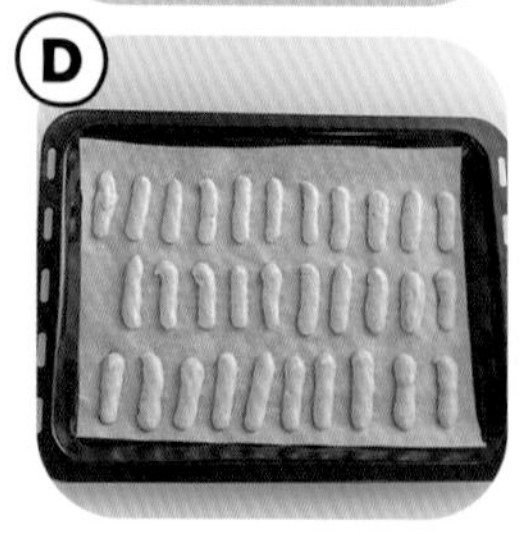

# 蛋黃豆豆

**材料**

蛋黃 … 3 顆　　檸檬汁（去腥用，可省略）… 1g
奶粉 … 12g

**作法**

1 先把蛋黃放進盆中，用電動攪拌器開高速打發，過程需有點耐心要打 10 分鐘左右。打到蛋黃液膨脹發白，攪拌器提起能寫個 8 字的程度。Ⓐ

2 然後加入奶粉，用刮刀輕輕混合均勻到沒有顆粒，不要用力攪拌否則會消泡讓成品失敗。Ⓑ

3 把拌好的麵糊倒入擠花袋中，剪一個小開口。Ⓒ

4 烤盤上鋪烘焙紙，擠出一顆顆小豆豆，擠的時候每一顆不要離得太近。Ⓓ

5 放入預熱好的烤箱中，以 100℃ 烤 30 ～ 40 分鐘至熟即完成。

A

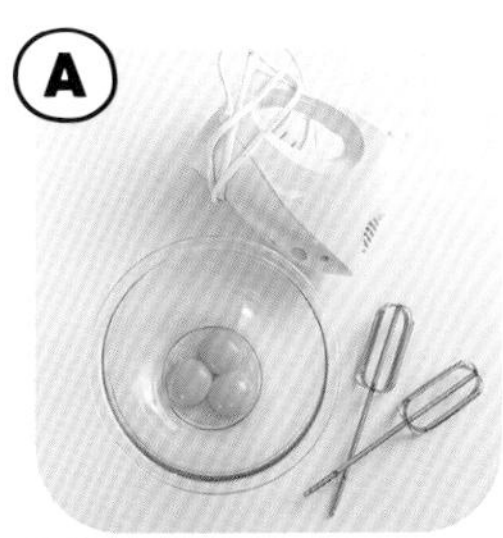

B

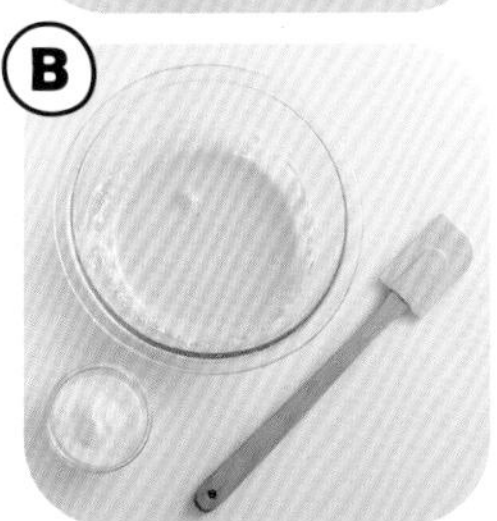

C

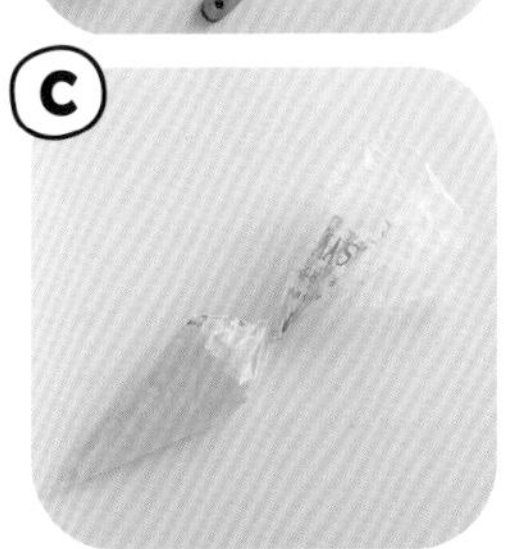

D

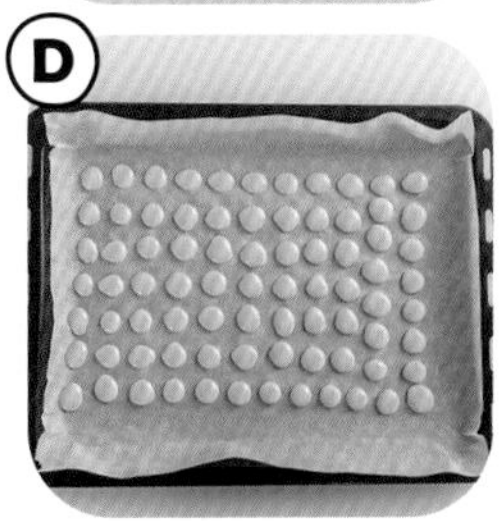

**POINTS**

- 打發蛋液時需要使用電動攪拌器才打得起來，由於只有打發 3 顆蛋黃，使用較小的盆子才容易操作。
- 蛋黃豆豆容易受潮，放涼後需要密封裝起來。若已經變軟了，用烤箱稍微烘烤一下就可以恢復。
- 如何判斷有沒有烤熟呢？剛烤好的豆豆表面會有點軟，放涼就會變硬，剝開中間沒有生麵糊就代表熟了。
- 烤焙時間須依照實際狀況去調整，所以第一次做要特別密切觀察。

6 ~ 9 months baby

# 椰棗軟餅乾

椰棗在歐美國家是寶寶副食品的常見食材，加一點可以讓味道變得很香甜，我常常用它取代糖，適量加在寶寶的點心裡增加甜味。它不只高纖，還富含鐵、鈣、維他命 A、$B_2$ 等，營養素很豐富。有機會一定要試試這道軟餅乾，甜甜軟軟的，寶寶愛到不行！

保存期限：**當餐吃完**
分量：**約 15 個**

### 材料

山藥 … 90g　雞蛋 … 1 顆
椰棗 … 20g　低筋麵粉 … 15g

### 作法

1. 先將山藥蒸熟；椰棗泡熱水 10 分鐘，使其軟化後去籽。
2. 調理機中放入熟山藥、椰棗、雞蛋，攪打均勻。
3. 少量多次加入麵粉，一邊持續拌勻至筷子提起麵糊不易滴落的狀態，裝入擠花袋中。
4. 烤盤上鋪一張烘焙紙，將麵糊擠出螺旋狀或其他想要的形狀（可以做成適合寶寶一口一個的大小，也可以做大一些）。
5. 放入預熱好的烤箱中，以 150℃ 烤約 15 分鐘（實際時間須依據擠的麵糊大小做微調）。

**POINTS**

- 這裡使用的是台灣山藥，不是日本山藥，它們的質地不同。山藥也可以改成地瓜。
- 椰棗營養豐富，我常用來取代砂糖，使用在寶寶的副食品中。

minikoioi

6 ~ 9 months baby

# 山藥甜蒸糕

我一定要分享這個神奇的料理給大家！不能吃蛋的寶寶有福了，這是不用麵粉和蛋也可以做的糕點，成分很簡單只有三樣，而且不需要打發蛋白，攪拌一下就可以了，裡面放入甜甜的玉米和少許果乾，鬆軟的口感讓寶寶們相當喜歡。

保存期限：**當餐吃完**
分量：**約 4 個**

## 材料

山藥 … 145g
玉米粒（或無鹽玉米罐頭）… 20g
蔓越莓乾 … 10g

## 作法

1. 生的山藥去皮切塊後，放入調理機攪打 3 分鐘，直到變成細膩濃稠的山藥泥。
2. 玉米粒切碎；蔓越莓乾切碎。
3. 把玉米粒、蔓越莓乾倒入山藥泥中，混合均勻。
4. 準備小的容器，底部墊烘焙紙，容器內抹上一點油，再倒入山藥泥，蓋上鋁箔紙防止水氣滴落在表面，用電鍋蒸 20 分鐘再燜 5 分鐘就完成了。

**POINTS**

- 台灣山藥跟日本山藥的質地不同，這裡使用的是台灣山藥。
- 給寶寶的果乾必須挑選添加物較少的，不要整顆給，先切碎再適量添加到料理中。如果沒有蔓越莓乾，也可以使用葡萄乾或是其他喜歡的食材。
- 這款甜蒸糕建議當餐吃完，放涼容易變硬、口感不好。

點心

6 ~ 9 months baby

# 核桃南瓜絲餅

這道南瓜絲餅除了寶寶愛吃，還可以當全家大小的早餐，軟軟綿綿的口感連爺爺奶奶都可以跟小寶貝一起享用。不需要添加糖和蛋就很有滋味，就算對雞蛋過敏也可以開心吃。

保存期限：**冷凍 5 天**

分量：**1 大片，分切約 4 - 6 片**

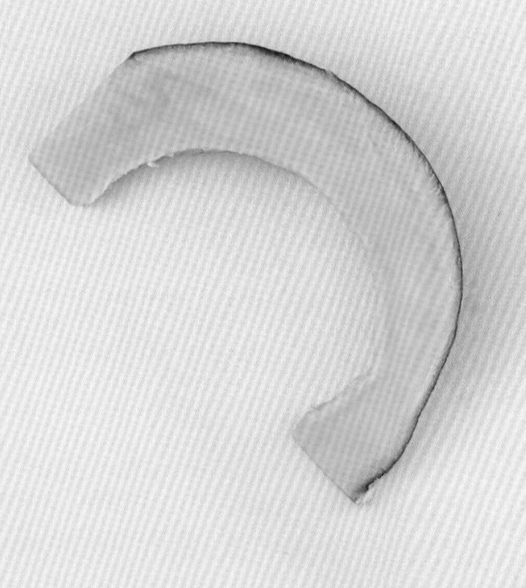

**材料**

南瓜 … 150g

核桃 … 8g

配方奶 … 15g

中或低筋麵粉 … 20g

橄欖油 … 少許

**作法**

1. 先將南瓜去皮，用刨絲器刨成絲。
2. 把核桃打成粉末狀。寶寶要食用的一定要打碎，或是直接買市售的純堅果粉。
3. 南瓜絲加入配方奶、麵粉和核桃粉，攪拌均勻讓南瓜絲沾上麵糊，且可以捏成團。
4. 鍋中放少許油，把南瓜絲餅稍微攤成餅狀，兩面煎到金黃、南瓜變柔軟就完成了。

**POINTS**

- 爸媽們一定有聽過吃堅果容易噎到的說法，但那是指整顆的堅果，打成粉末或是做成醬就可以避免這個問題。如果不喜歡的話，也可以省略不添加。
- 爸媽們也可以將配方奶換成椰奶，味道更濃厚，更能凸顯出南瓜的香甜。沒有配方奶，也可以用牛奶、豆漿取代。

點心

6 ~ 9 months baby

# 椰奶地瓜糕

想偶爾來點不同風味的點心，可以試試看這道南洋風的椰奶地瓜糕，濃郁的椰子香味搭上香甜鬆軟的地瓜真的是絕配！不需要加任何糖，連大人都會忍不住挖一口來吃。這道料理不只可以當點心，冷藏一個晚上後當早餐，冰冰涼涼的在夏天吃也相當開胃。

保存期限：**冷藏 2 天** ｜ 分量：**約 6 塊**

**材料**

地瓜 … 145g
椰奶 … 20g
雞蛋 … 1 顆
低筋麵粉 … 15g
椰子粉（可省略）… 少許

**作法**

1. 先將地瓜切塊蒸熟。
2. 把熟地瓜和椰奶、雞蛋、麵粉用調理機攪拌均勻。
3. 準備耐熱的小模具，底下墊烘焙紙，倒入地瓜泥。可隨個人喜好於表面撒一點椰子粉。
4. 放入預熱好的烤箱中，以 160℃ 烤約 15 分鐘。烤完可以直接享用，或是冷藏一晚後冰涼的吃。

**POINTS**

- 低筋麵粉可以改成玉米粉，椰奶也可以改成等量的牛奶。
- 模具盡量選小一點的，這個地瓜糕烤焙後不會膨脹，倒進去的麵糊高度就是地瓜糕的厚度，不要太薄才有口感喔！
- 想讓味道更有層次，可以加入切碎的葡萄乾，味道更香甜。

點心

6 ~ 9 months baby

# 無糖香蕉小蛋糕

相信我，這絕對是最簡單的蛋糕作法！不需要打發蛋白也不用加泡打粉，把所有的食材攪拌均勻放入烤箱就好了！神奇的是做出來比蛋糕還要鬆軟，寶寶也很好咀嚼。做給大人吃的那一份可以加少許糖，就能跟寶寶共享美味。

保存期限：**冷藏 2 天** ｜ 分量：**約 6 塊**

### 材料

山藥 … 90g
香蕉 … 65g
雞蛋 … 1 顆
無鹽奶油（或其他植物油）… 10g
低筋麵粉 … 25g

### 作法

1. 無鹽奶油事先融化。也可以換成其他味道較淡的食用油。
2. 調理機中放入山藥、香蕉、雞蛋拌勻，攪打至少 2 分鐘成細膩的泥狀，且麵糊微微膨起。
3. 加入融化奶油和麵粉，用刮刀輕輕攪拌均勻到沒有顆粒。
4. 將麵糊倒入耐熱模具中，放入預熱好的烤箱，以 170℃ 烤約 15 分鐘，用筷子插入蛋糕拿起時沒有麵糊沾黏就代表熟了。

POINTS

♦ 山藥的品種是台灣山藥，不要搞錯囉！

♦ 盡量使用小的模具，成品才有厚度，可以購買耐熱矽膠模，很好脫模。

# 食譜 Q&A

## Q1 什麼料理適合冷凍？

通常含大量蛋和豆腐的食物都不適合冷凍，口感差異很大，例如：蒸蛋、煎豆腐都不適合。如果含「一點點」蛋或豆腐，雖然可以冷凍，但口感可能會有一點改變，建議現吃現做。如果主體是地瓜、馬鈴薯等澱粉，或是肉丸、肉排等肉類就可以冷凍沒有問題。

## Q2 準備初期食物有什麼需要注意的呢？

要稍微留意的是玉米粒、果乾以及堅果，我會建議如果是初期食物使用到玉米粒或果乾，都要切碎比較好。堅果則一定要磨成粉，做成醬也可以，絕對不可以直接給寶寶食用，容易有噎到風險。

## Q3 煎東西適合用什麼油呢？

我喜歡交替使用各種油，橄欖油、玄米油、酪梨油以及亞麻籽油（不適合高溫，可用於涼拌或事後加入飯菜裡）都很適合，盡量選擇營養素較高的油脂。

## Q4 我做的麵團好黏手該怎麼辦？

麵團黏手通常是含水量太高，可以留意食材蒸的時候有沒有太多水氣跑進去。建議蒸的時候可以蓋鋁箔紙阻隔水氣，蒸完後把碗底的水倒乾淨，放涼讓熱氣散掉。還是很黏手的話也可以在手上抹一點油以及多加一點麵粉。

## Q5 低筋、中筋、高筋麵粉可以互換嗎？

要依據食譜而定。低筋麵粉適合餅乾、蛋糕、煎餅；中筋麵粉適合饅頭或者蒸糕煎餅；高筋麵粉適合麵包。如果是麵粉量低的食譜，直接互換沒有問題，但麵粉含量很高的食譜就不適合替換。

## Q6 家裡沒有烤箱可以用氣炸鍋取代嗎？

一般來說沒問題，但是氣炸鍋的功率較強，時間上需要調整，過程中建議較密切地確認食物狀態。

## Q7 請問寶寶一定要按照食譜的參考月份吃嗎？

參考月份僅供參考，一般來說 BLW 沒有強硬規定哪種食物幾歲吃。書裡提供的月份是以 6 個月實施 BLW 的寶寶去推算，而推算標準是咀嚼能力以及寶寶手好不好拿。假設你家寶寶 9 個月才開始吃手指食物，我還是會建議先從 6 個月的食材或食譜開始練習，但 9 個月大的寶寶進步會比較快，家長可以依據咀嚼狀況去調整食材的軟硬度。

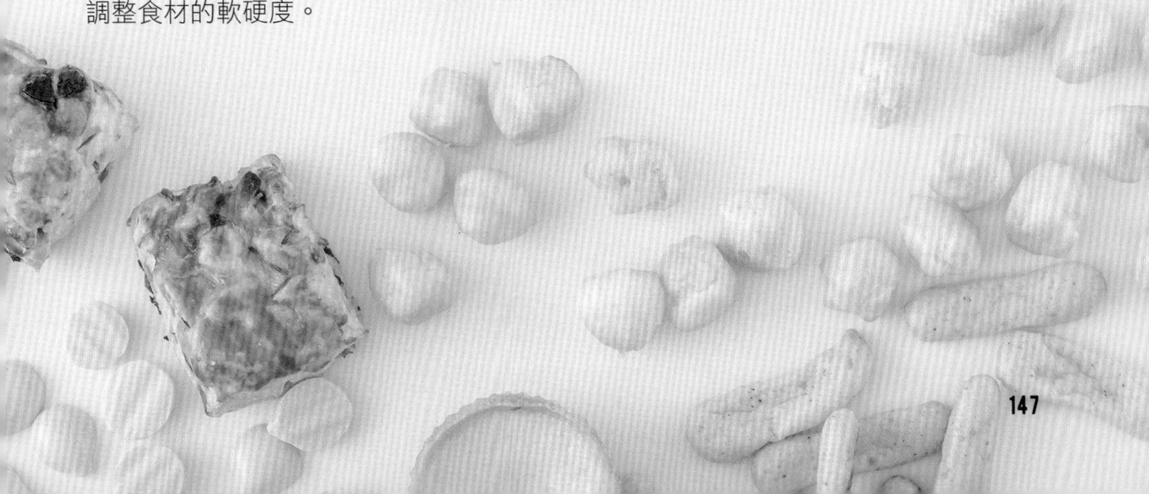

# 5

baby finger foods

# (中後期)

# 9～12個月寶寶的手指食物

這個階段寶寶的咀嚼和協調性已經提升許多，
可以進一步感受食物更多的口感、味道。
如果是比較晚才接觸手指食物的寶寶，
還是要從初期的食譜開始練習喔！

主食

9 ~ 12 months baby

# 迷你韓式飯捲

我發現用蛋包裹住白飯就不會黏手，如果想要讓寶寶吃白飯，這是一個很好準備、寶寶也很愛的方式。料理中特別加入初榨橄欖油，含有單元不飽和脂肪和維生素，很適合給寶寶食用喔！

保存期限：**當餐吃完**
分量：**寶寶的 1 餐**

## 材料

白飯 … 25g
雞蛋 … 1 顆
紅蘿蔔 … 6g
初榨橄欖油 … 2g
橄欖油 … 少許
白芝麻粒（可省略）… 2g
黑芝麻粒（裝飾用，可省略）… 少許

## 作法

1. 白飯中加 2g 橄欖油、撒一些白芝麻拌勻，再用保鮮膜包起來塑形，用手捏成細細的長條狀。
2. 把紅蘿蔔磨泥或是燙熟切碎，加到蛋液裡面。
3. 鍋中放入少許油、開小火，倒入蔬菜蛋液攤平後趁還沒完全凝固，把剛剛捏成長條狀的飯放上去，用蛋皮捲起來、煎熟就完成了。起鍋後切塊享用，並可用芝麻點綴。

POINTS

- 蔬菜可以隨寶寶的喜好，或用家裡現有的食材替換，如青江菜、高麗菜、菠菜等等。
- 橄欖油可以換成芝麻油、亞麻籽油，任何寶寶平常吃習慣的油都可以。
- 可以搭配清蒸小棒棒腿，或是書中食譜的任一道肉料理，再加一份燙蔬菜和水果，就是豐盛的一餐。

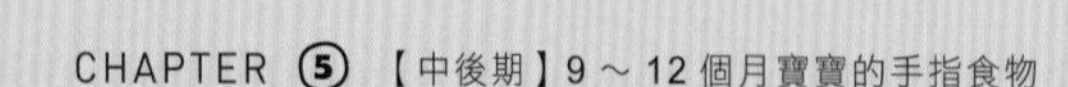

Designed by
Super Petit

主食

9 ~ 12 months baby

# 紫高麗菜飯餅

想要幫寶寶的飯換個口味時，試試看高麗菜煎飯餅吧！味道很像炒飯，更棒的是，形狀能讓寶寶輕鬆拿起，不用擔心飯粒亂飛。這次的飯，我使用營養豐富的胚芽米，一口下去就有澱粉、蛋白質和滿滿纖維的蔬菜，簡單又好吃。

保存期限：**冷藏 2 天** | 分量：**1 大片，分切約 4 - 6 片**

## 材料

熟胚芽米飯 … 20g
紫高麗菜 … 30g
玉米粒 … 10g
雞蛋 … 1 顆
中或低筋麵粉 … 5g
橄欖油 … 適量

## 作法

1 先將胚芽米煮熟，取出 20g 備用；紫高麗菜切成細絲。

2 碗中放入胚芽米飯、紫高麗菜絲、玉米粒、雞蛋和麵粉拌勻。

3 鍋中放入多一點油，倒入做好的步驟 2，加鍋蓋以小火慢煎到兩面金黃就完成了。可以選擇煎一大片後分切，也可以一小片一小片煎。

POINTS

- 給月齡大一點的寶寶吃，可以加入少許寶寶醬油調味。
- 沒有胚芽米飯也可以換成一般白米飯。

9 ~ 12 months baby

# 寶寶水煎包

迷你水煎包是寶寶不太會拒絕的食物，我遇過的孩子都很愛吃。不會包餃子的媽媽也不用擔心，只需要簡單收個口就好了。如果換成五顏六色的水餃皮，更能刺激寶寶的食慾。趕快做看看，讓寶寶驚豔食物原來這麼美味！

保存期限：**冷凍 5 天**
分量：**約 10 個**

## 材料

無鹽水餃皮 … 10 片
豬絞肉 … 80g
紅蘿蔔 … 10g
玉米粒 … 10g
蔥花 … 少許
寶寶醬油（可省略）… 3g
芝麻油 … 3g
黑芝麻粒（裝飾用，可省略）… 少許
橄欖油 … 少許

**作法**

**1** 先將紅蘿蔔和玉米粒燙熟。

**2** 將豬絞肉和紅蘿蔔用調理機攪打均勻，再加入玉米粒、蔥花、寶寶醬油，分次加入適量水，用筷子拌勻讓肉把水吸收進去，最後加入一點芝麻油，肉餡就準備完成。Ⓐ

**3** 在無鹽水餃皮中間放入適量的肉餡，用手指沿著水餃皮邊緣向中間抓捏收攏，最後捏緊上端收口處。一開始先不要放太多料，會不太好包，多練習幾次越來越順手再增加，也可以簡易收個口，只要內餡不會露出來就好了。Ⓑ Ⓒ Ⓓ

**4** 鍋中放入少許油開小火，放入水煎包煎約 1 分鐘讓底部微黃，倒入開水大約淹到水煎包的 1/3 處，蓋上鍋蓋小火慢煎約 4 分鐘，再開蓋煎到水分收乾即可。Ⓔ Ⓕ

**5** 出鍋前撒上一點黑芝麻，放涼再給寶寶享用。

**POINTS**

- 豬肉可以使用較低脂的部位，或是換成牛肉和雞肉也很適合。
- 寶寶食用的水餃皮可以購買無鹽水餃皮或是自己製作。
- 想要多做一點保存的話，包好後不要煎，直接密封保存到冷凍庫。食用時不用退冰，直接蒸熟或是按照步驟 4 的方式煎熟。

事先做好冷凍，

搭配一些蔬果、水煮蛋，

就可以快速完成寶寶餐！

主食

9 ~ 12 months baby

# 蔬菜饅頭丁

蔬菜饅頭丁吸滿了蛋汁鬆鬆軟軟的，寶寶們常常吃到一口一個停不下來。形狀小小的不黏手，可以輕易用大拇指和食指拿起來，幫助寶寶發展手部精細動作。讓寶寶自主進食，不只培養對食物的興趣，也藉由一次次練習讓手部越來越靈活，讓吃飯像玩遊戲一樣有趣和充滿挑戰。

保存期限：**當餐吃完**
分量：**寶寶的 1 餐**

**材料**

無糖饅頭 … 半顆
紅蘿蔔 … 15g
綠花椰菜 … 10g
雞蛋 … 1 顆
白芝麻粒 … 少許
橄欖油 … 少許

**作法**

1. 先將紅蘿蔔與花椰菜燙熟、切細碎。
2. 打一顆蛋，把紅蘿蔔碎、花椰菜碎和芝麻粒放進去攪拌均勻。
3. 把無糖饅頭切成小方丁，浸泡蛋液，讓它吸飽蛋汁。
4. 鍋中放入少許油開小火，放入饅頭丁翻炒到表面金黃即可。

**POINTS**

- 寶寶食用的饅頭建議用無糖饅頭，市面上有不少產品，也有無糖的蔬果寶寶饅頭，非常方便，爸媽們可以參考看看。
- 冷凍饅頭不需要事先蒸熟，只要退冰到能切丁即可。
- 蔬菜也可以使用菠菜、青江菜，記得先煮熟切細碎，才能緊緊裹住饅頭丁喔！

9 ～ 12 months baby

# 蔬菜粉漿蛋餅

粉漿蛋餅是適合全家人的快速早餐，不需要揉麵，只要把所有材料攪拌均勻，麵糊中還可以添加切碎的蔬菜增加蔬果的攝取。先把寶寶那份做好，剩下的麵糊調味成大人自己喜歡的口味。在爸爸媽媽的陪伴下，讓寶寶吃飯充滿參與感，是讓他們愛上吃飯的祕訣喔！

保存期限：**當餐吃完** ｜ 分量：**約 2 片**（適合 1 個成人和 1 個寶寶）

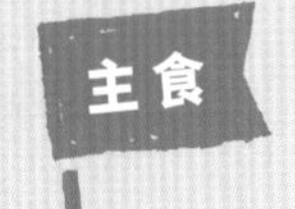


9 ~ 12 months baby

# 免揉羊肉餡餅

為了讓寶寶嘗試多樣化的食物，除了常見的豬雞牛外，我也會試著在寶寶料理中加入羊肉。如果不知道怎麼運用羊肉，試試這道超美味的羊肉餡餅吧！直接幫媽咪省去麻煩的揉麵過程，用最短的時間做出香氣逼人的料理。

保存期限：**冷凍 5 天** | 分量：**約 4 個**

# 蔬菜粉漿蛋餅

**材料**

紅蘿蔔 … 10g
雞蛋 … 1～2 顆
中筋麵粉 … 50g
蔥花 … 5g
配方奶或水 … 75g
橄欖油 … 少許

**作法**

1. 先將紅蘿蔔切細碎或磨泥，打入一顆雞蛋攪拌均勻，再加入過篩的麵粉。Ⓐ
2. 把配方奶或水分兩次加入，攪拌均勻成細膩的麵糊，再加入蔥花。Ⓑ
3. 鍋中加入少許油，先把麵糊倒入均勻攤平後，開小火煎。Ⓒ
4. 麵皮大約煎個 30 秒後待顏色轉深、呈半透明後，翻面。Ⓓ
5. 這時候可以直接煎熟吃，或是另外準備蛋液，淋到蛋餅皮上再翻面煎熟，做成口感更豐富的蛋餅。Ⓔ Ⓕ

POINTS

- 麵糊中的蔬菜可以自由變換，把冰箱現有的材料切細碎加進去，既營養又可以清冰箱。
- 前一晚先做好麵糊冷藏，早上起來就能更有效率做好餐點。

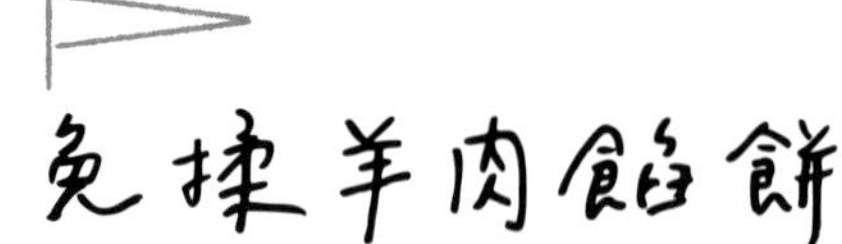

# 免揉羊肉餡餅

## 材料

馬鈴薯 … 120g
中筋麵粉 … 30g
羊肉 … 10g
紅蘿蔔 … 10g
洋蔥 … 10g
寶寶醬油（可省略）… 少許
黑芝麻粒（裝飾用，可省略）… 少許
橄欖油 … 少許

## 作法

1. 馬鈴薯去皮後蒸熟，加入麵粉壓成泥。不需用力揉，只要把食材混勻即可搓成麵團。Ⓐ Ⓑ
2. 羊肉切碎用醬油醃一下；紅蘿蔔、洋蔥切碎。Ⓒ
3. 鍋中放少許油，將羊肉與紅蘿蔔、洋蔥炒熟。Ⓓ
4. 麵團分四等分擀平，中間放上適量的內餡。Ⓔ
5. 先將上下側的麵皮往中間拉捏合，再把左右側的麵皮往中間拉捏合，確認收口密合，最後稍微整形成扁圓形即可。表面可以撒上一些黑芝麻點綴。Ⓕ Ⓖ Ⓗ
6. 鍋中放少許油，將餡餅兩面煎到金黃上色。Ⓘ

## POINTS

- 餡餅可以一次多做一些，煎好放涼後密封冷凍，食用前稍微退冰，再以平底鍋小火加熱。
- 餡餅中的蔬菜可以自由變換，或再多加入鴻喜菇、低鈉起司等現有食材。
- 若覺得麵團黏手就加一點麵粉，如果太乾的話加少許水調整。
- 肉類可以依照寶寶的喜好換成豬肉、牛肉，或是用豆腐做成素食版本。

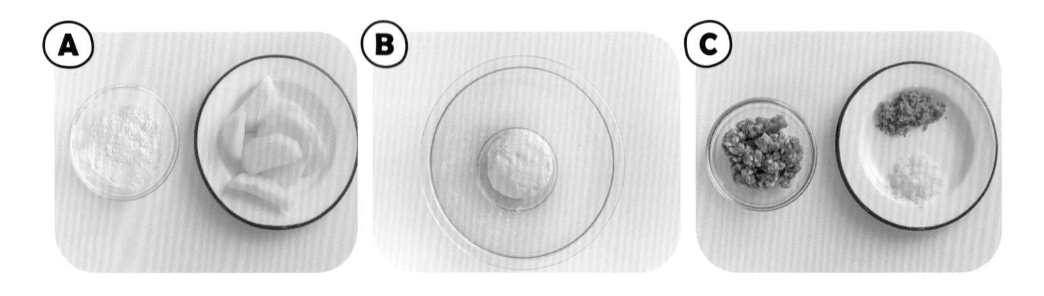

D
E
F
G
H
I

主食

9 ~ 12 months baby

# 柔軟印度烤餅

優格對腸道健康很好，是我很早就給寶寶吃的食物，記得要選無糖而且添加物少的。優格在製作料理上還有一個好處，就是做出來的餅會非常軟，切成長條狀就可以給寶寶抓握。如果寶寶吃膩白飯或麵的話，這道無鹽的烤餅一定要讓他嘗嘗看。

保存期限：**冷凍 5 天**
分量：**約 8 片**（適合 1 個成人和 1 個寶寶）

## 材料

中筋麵粉 … 150g
酵母粉 … 1.5g
牛奶或配方奶 … 75g
無糖希臘優格 … 45g
橄欖油 … 5g
橄欖油 … 少許

## 作法

**1** 中筋麵粉過篩，加入酵母粉拌勻。

**2** 接著加入牛奶、優格、5g 橄欖油，用筷子攪拌到絮狀。Ⓐ

**3** 再把麵團移到揉麵板上揉均勻，揉約 3 分鐘。

**4** 準備一個大碗裡面塗少許油，把揉好的麵團放進去靜置發酵到二倍大，時間約 1 個半小時。Ⓑ Ⓒ

**5** 把發酵好的麵團拿出來，搓揉排氣，分割成 30g 重的小麵團後揉圓。Ⓓ

**6** 將小麵團用擀麵杖輕輕擀平，形狀有點像牛舌餅。Ⓔ

**7** 鍋中放少許油，開小火煎烤餅，表面起大泡時就可以翻面，將兩面煎熟即可。Ⓕ

### POINTS

- 做好的烤餅放涼後可以密封、冷凍保存。食用前用電鍋加熱。
- 麵團的發酵時間須隨著溫度改變，暖一點時就要減少時間。食譜上的時間僅供參考用，請依實際情況調整。
- 給寶寶吃烤餅，切成長條狀比較好拿取。搭配一份蔬菜和蛋白質，例如水煮蛋加上燙蘆筍和切成 1/4 大小的葡萄，就是簡單又豐盛的一餐。
- 如果寶寶大一點，推薦在烤餅完成後塗上薄薄的無鹽奶油，並撒上一點巴西里粉，讓美味升級；或是塗抹無糖花生醬，做成甜口味也不錯。

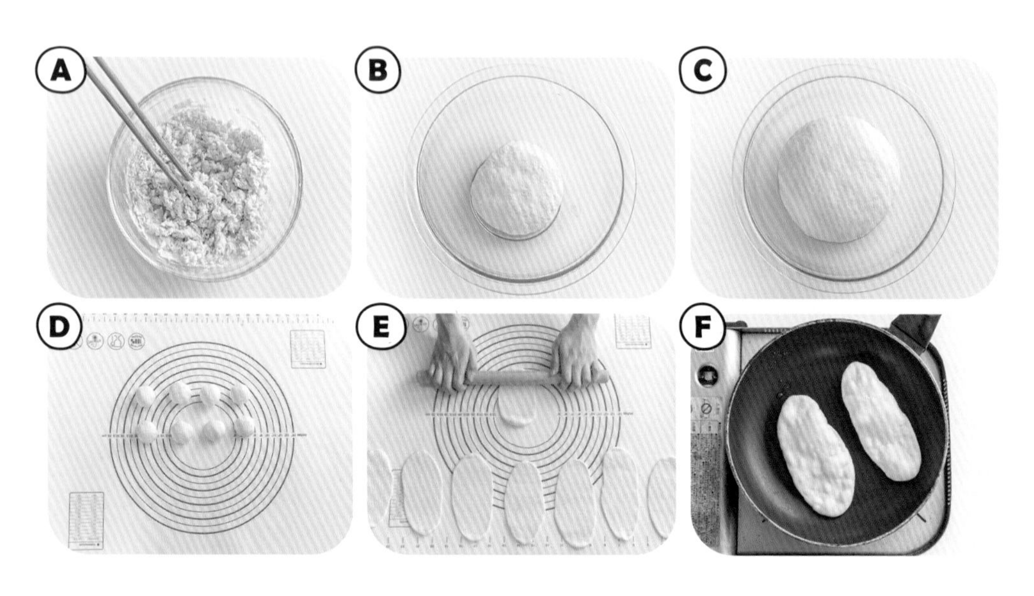

9 ~ 12 months baby

# 咖哩藜麥薯餅

不要看藜麥小小顆不起眼，它可是富含豐富的營養，低熱量、高蛋白，還含鈣質和膳食纖維，是我十分推薦給寶寶食用的超級食物。雖然本身小顆沒什麼黏性，寶寶不容易拿，但幾乎什麼料理都可以加一點進去，例如這道咖哩藜麥薯餅，我家寶寶非常喜歡，都會跟我搶著吃呢！

保存期限：**冷凍 5 天** | 分量：**約 5 個**

**材料**

馬鈴薯 … 100g
熟藜麥 … 5g
紅甜椒 … 15g
洋蔥 … 15g
咖哩粉 … 1g
玉米粉 … 10g
橄欖油 … 少許

**作法**

1. 先將藜麥清洗乾淨後滾水下鍋煮約 15 分鐘，煮熟瀝乾水分，取出 5g 備用。馬鈴薯蒸熟。
2. 將甜椒和洋蔥切成細丁。鍋中放入少許橄欖油，翻炒甜椒和洋蔥至洋蔥變透明後，盛出備用。
3. 馬鈴薯壓成泥，加入炒好的蔬菜丁和瀝乾的藜麥，以及咖哩粉、玉米粉充分拌勻。
4. 手上抹少許油，將薯泥捏成圓餅狀。
5. 鍋中放入少許油開小火，煎到兩面金黃即可。

**POINTS**

- 藜麥在超市很容易買到，台灣或美國紅藜都可以。除了用水煮熟，也可以用一般電鍋蒸熟，藜麥和水的比例約 1：1。
- 薯餅可以多做一些，煎熟後放涼、密封冷凍。食用前稍微退冰，再用平底鍋加熱煎熟。

orse

主食

9 ~ 12 months baby

# 藍莓地瓜派

藍莓派聽起來好像是大人的美食，但是這個食譜寶寶也能享用！超級簡單，不用辛苦揉麵而且不加糖。每次烤這個藍莓派的時候，滿屋子都是香甜味。相信我，寶寶食物也可以做得很美味喔！

保存期限：**冷凍 5 天** ｜ 分量：**約 4 個**

**材料**

地瓜 … 100g
無鹽奶油 … 5g
中筋麵粉 … 10g
藍莓 … 10 顆
蛋黃 … 1 顆
白芝麻粒 … 少許

**作 法**

**1** 地瓜去皮蒸熟後，趁熱加入無鹽奶油，再放入麵粉抓拌均勻。Ⓐ Ⓑ

**2** 桌面撒多一點麵粉（材料分量外），把地瓜麵團擀平成厚度約 0.6 公分，再切成 8 片大小一致的正方形。若是麵團太軟，先冷藏冰一下會比較好操作。Ⓒ Ⓓ

**3** 把藍莓切碎，等分量放到 4 片地瓜餅皮上，然後再疊上另一片餅皮，最後用叉子壓麵皮邊緣封口。Ⓔ Ⓕ

**4** 表面塗上蛋黃液、撒上少許芝麻。Ⓖ

**5** 放入預熱好的烤箱中，以 180℃烤約 12 分鐘即可。Ⓗ

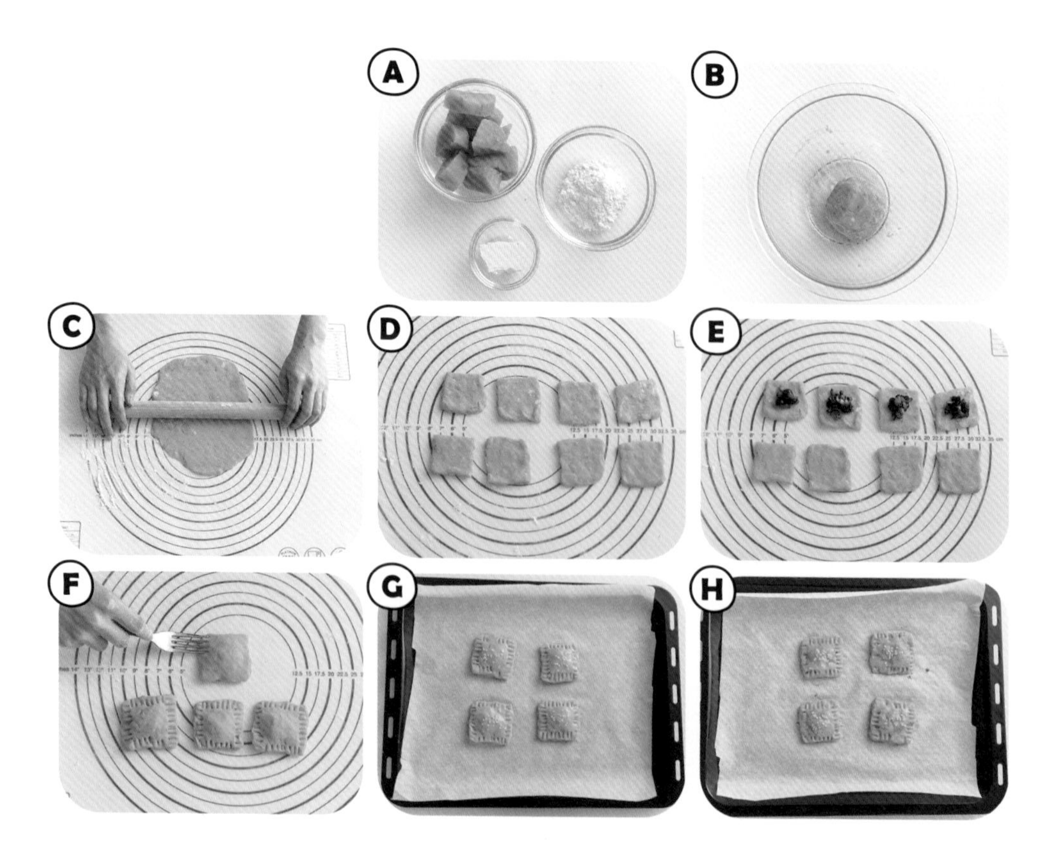

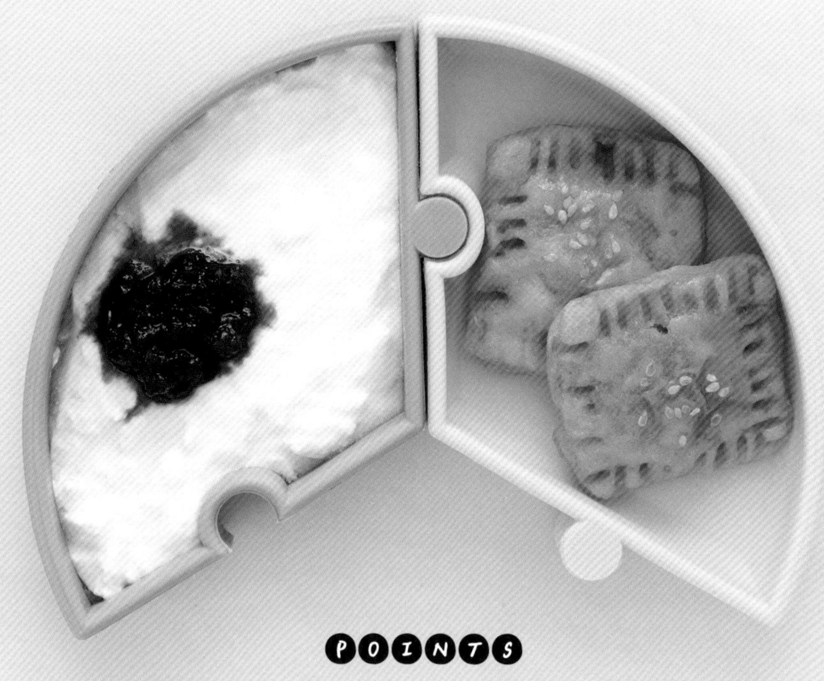

## POINTS

- 如果有寶寶吃不完的果泥，例如蘋果泥，可以用來取代藍莓，做出不同口味的水果派。
- 奶油可以改成任何寶寶平時使用的植物油，如橄欖油。
- 家中如果沒有烤箱，也可以使用氣炸鍋。
- 喜歡奶香味的可以加一點奶粉，味道很香。
- 可以多做一些冷凍保存，食用前再用烤箱或氣炸鍋回烤加熱。

主食

9 ~ 12 months baby

# 蘑菇豆腐披薩

要自製一個寶寶披薩，其實比媽咪想像的容易，用這個食譜免揉麵免發酵，就可以做出餅皮不會硬的寶寶披薩。切成長條狀也方便寶寶抓握。如果不知道要準備什麼給寶寶吃，做一個披薩搭配一杯奶，就是簡單又快速的一餐。

保存期限：**當餐吃完** ｜ 分量：**1 個**

### 材料

板豆腐 … 100g
中或低筋麵粉 … 25g
蘑菇 … 15g
洋蔥 … 10g
小番茄 … 15g
低鈉起司 … 10g

### 作法

1. 先將板豆腐和麵粉用手抓拌均勻。烤盤上鋪烘焙紙，把豆腐泥鋪成一個厚度約 1 公分的圓餅。
2. 將蘑菇切薄片、洋蔥切細絲後，炒熟炒軟。小番茄切薄片。
3. 餅皮上先放起司，再放炒熟的配料與小番茄。
4. 放入預熱好的烤箱中，以 150℃ 烤約 12 分鐘，取出切塊就可以享用。

### POINTS

- 這個餅皮很萬用，也可以放上香蕉泥和起司做成甜味披薩（但香蕉容易氧化，建議當餐食用完畢）。這個分量是寶寶 size，所以不用擔心吃不完。
- 寶寶的起司盡量挑選低鈉而且添加物少的，購買時建議閱讀營養成分表比較鈉含量。
- 豆腐不能使用嫩豆腐，嫩豆腐水分過多會無法成團。

Jolly

9 ～ 12 months baby

# 花生拌麵

市面上有各式各樣名人推出的拌麵，今天就來教小小孩也能安心吃的寶寶牌拌麵。作法和材料都很簡單，是超級快速的懶人料理。第一次嘗試花生醬的寶寶，可以先少量食用試敏。

保存期限：**當餐吃完**
分量：**1 小碗，寶寶的 1 餐**

主食

9 ~ 12 months baby

# 菠菜青醬麵

吃麵時搭配一些醬料，可以讓單調的麵條有更豐富的味道。推薦大家試試用菠菜自製青醬吧！菠菜的味道柔和，沒有九層塔強烈的香氣，寶寶更容易接受。而且菠菜含有鈣、磷、鐵、維他命 C 等等，是非常適合寶寶吃的營養蔬菜。青醬的應用很廣，加入飯裡做成寶寶燉飯，或塗抹在麵包上烤一下也很好吃。

保存期限：**當餐吃完**
分量：**1 小碗，寶寶的 1 餐**

# 花生拌麵

**材料**

無鹽麵條 … 60g
無糖花生醬 … 7g
寶寶醬油 … 3g
芝麻油或橄欖油 … 2g

**作法**

1 將無鹽麵條放入滾水中煮熟後撈出。

2 無鹽花生醬、寶寶醬油、芝麻油拌勻。

3 再把煮好的麵條跟醬汁拌勻就完成了。

**POINTS**

- 小寶寶剛開始食用麵條時，可以選用比較大容易抓取的麵條，如水管麵。
- 現在市面上有許多將蔬果揉進麵條中的彩色蔬菜麵，或是紅扁豆義大利麵等特殊的麵條，比一般麵條更高纖高蛋白，可以多嘗試看看。
- 無糖花生醬也可以換成充滿鈣質的黑芝麻醬、白芝麻醬、各式堅果醬，只要選擇無糖無鹽的產品就可以了。
- 也加入冰箱裡現有的食材，例如高麗菜絲和雞肉末，做成更豐盛的炒麵。

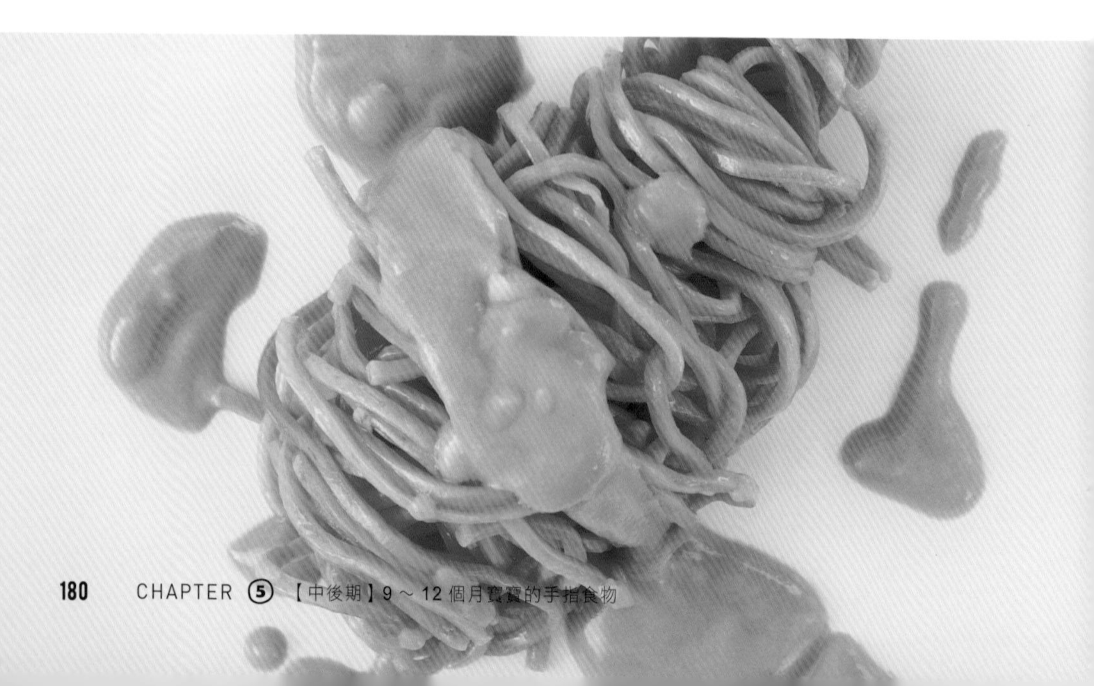

# 菠菜青醬麵

**POINTS**

- 腰果可以換成任何無調味堅果，但記得一定要打碎。可以加少許九層塔增添風味。
- 麵裡面可以自由加入蝦仁、絞肉或蔬菜等各種配料。一歲以上的寶寶可以加少許鹽調味。
- 多出來的青醬泥放入乾淨的冰磚盒中，冷凍可保存 5 天。

## 材料

無鹽麵條 … 70g

菠菜青醬 … 25g

牛奶或配方奶 … 30g

低鈉起司 … 1 片（增添風味用，可省略）

**菠菜青醬**（方便製作的量）

菠菜 … 140g

無調味腰果 … 30g

大蒜 … 10g

橄欖油 … 30g

## 作法

1. **先製作「菠菜青醬」，取其中 25g 使用：**菠菜燙熟，稍微瀝乾後放入調理機中，加入腰果、大蒜打碎（若太乾可加少許水），再加入橄欖油攪打至成泥狀。
2. 將無鹽麵條煮熟備用。
3. 鍋中放入青醬、牛奶，並加入低鈉起司，煮到醬汁微滾後，放入麵條收汁即完成。

配菜

9 ~ 12 months baby

# 玉米雞塊

寶寶也可以吃雞塊喔！改良版的雞塊不需要油炸，加了豆腐的口感軟嫩很好咀嚼，裡面還有甜甜的玉米，吃起來鮮嫩多汁。可以利用假日多做一些存放在冰箱，平日稍微加熱就能加入寶寶的餐點中。想讓雞肉料理有更多變化的媽媽們，很推薦試做這道喔！

保存期限：**冷凍 5 天** | 分量：**約 8 個**

**材料**

雞胸肉 … 100g
板豆腐 … 30g
玉米粒 … 25g
玉米粉 … 10g

**作法**

1. 先將雞肉去皮切塊。
2. 把雞肉、板豆腐、玉米粒和玉米粉用調理機打成肉泥後，裝進擠花袋中。
3. 把肉泥擠成圓餅狀，手上沾一點水稍微調整形狀後，放入預熱好的平底鍋煎熟即可。

**POINTS**

- 雞塊可以多做一些，放涼後密封冷凍保存，食用前再蒸熟或稍微退冰後煎熟。
- 食譜裡面也可以加入花椰菜、紅蘿蔔等等，做成蔬菜口味。
- 攪打好的肉泥比較濕軟，因此建議裝袋再擠出來，比較不會黏手喔！

# 簡單又好吃的
# 手指食物常備菜

配菜

9 ~ 12 months baby

# 魚香茄子肉餅

我還深刻記得，我家寶寶第一次吃到水煮茄子那扭曲的表情，實在讓人好氣又好笑。其實我自己單吃水煮茄子也覺得不怎麼好吃，所以就以大人版的魚香茄子為構想，做出這道茄子煎餅，咬起來有肉香，茄子也被煎得金黃漂亮，果然孩子開心買單！換個料理方式，就可以讓寶寶食物也變得更好吃喔！

保存期限：**冷凍 5 天**
分量：**約 5 片**

## 材料

豬肉末 … 25g
茄子 … 70g
蔥花 … 10g
中筋麵粉 … 7g
玉米粉 … 5g
寶寶醬油 … 3g
橄欖油 … 適量

## 作法

1. 把豬肉末放入鍋中炒熟備用。
2. 茄子切丁，放入滾水中汆燙約 1 分半鐘燙熟，過冷水後稍微擠掉水分（請依據寶寶的咀嚼能力決定是否要再切碎一點）。Ⓐ
3. 把切好的茄子、炒好的豬肉末、蔥花、麵粉和玉米粉攪拌均勻，再倒入寶寶醬油攪拌到麵糊黏稠，若是太乾可以適量加一點水。Ⓑ
4. 鍋中放入多一點油，將步驟 3 捏成圓形肉餅放入鍋中，加鍋蓋以小火慢煎，煎到兩面金黃就完成了。Ⓒ

POINTS

- 豬肉也可以換成牛肉，或是不添加肉，素食版本的味道也很好喔！
- 茄子的水分不要擠太乾，不然加入麵粉後會無法變成麵糊。

chirp, chirp, chirp!
go the new born chicks.

MAKE
FUN
DAY!

配菜

9 ~ 12 months baby

# 蔬菜珍珠丸子

一般珍珠丸子是加白米或糯米，這裡的作法是裹上甜甜的蔬菜！這樣也相當好吃，而且就算加了紅蘿蔔，我家寶寶還是接連吃了好幾個，實在讓我感動不已。所以當寶寶拒絕吃水煮蘿蔔時先不要灰心，換個方式再嘗試看看吧！

保存期限：**冷凍 5 天** | 分量：**約 6 顆**

**材料**

豬絞肉 … 120g
洋蔥 … 20g
薑末 … 3g
寶寶醬油 … 5g
玉米粉 … 5g
紅蘿蔔 … 25g

**作法**

1. 先把洋蔥切細丁，炒熟後放涼備用。
2. 把炒熟的洋蔥、薑末、寶寶醬油、玉米粉加入豬絞肉中攪拌均勻，並稍微摔打一下，使肉餡產生黏性，再捏成小球。
3. 紅蘿蔔刨成細絲，把肉丸放上去滾一圈讓表面沾滿紅蘿蔔絲。
4. 在容器上墊一層烘焙紙再放上蔬菜珍珠丸子，蒸約 25 分鐘就完成了。

**POINTS**

- 如果不想刨紅蘿蔔絲，也可以切成小碎丁。
- 可以多做一些起來放入冷凍庫中保存，食用前稍微退冰後用電鍋加熱即可。
- 這個肉餡的配方也可以做成白米珍珠丸子，要注意先將白米浸泡 1 小時，電鍋蒸好後再燜 10 分鐘才容易熟喔！

配菜

9 ~ 12 months baby

# 豆腐肉捲

豆腐的口感軟綿，很適合當寶寶的初期手指食物。除了乾煎還有許多作法，例如接下來要教的這道，材料很簡單，家裡一定都有，只需要短短十分鐘就可以做出蛋白質料理。簡單搭配個燙青菜，再捏個飯糰，寶寶的一餐就完成了，推薦給忙碌的爸媽們。

保存期限：**冷藏 1 天** ｜ 分量：**4 條**

### 材料

板豆腐 … 100g
薄牛肉片 … 4 片
玉米粉 … 少許
橄欖油 … 少許

### 作法

1. 將板豆腐切成 6 公分長、約 1 指寬的長條形。
2. 用牛肉片把豆腐條捲起來，並在表面撒少許的玉米粉。
3. 鍋中加入少許的油，煎到表面金黃即可享用。

### POINTS

- 市面上有賣無添加的有機豆腐，成分較天然，爸媽可以參考看看。
- 豆腐料理不適合冷凍會影響口感，儘可能當天食用完畢 。
- 寶寶吃的牛肉片建議選擇較低脂的部位，也可以改成豬肉片。
- 若是給大一點的寶寶吃，豆腐肉捲出鍋後淋上少許寶寶醬油，風味更好喔！

配菜

9 ~ 12 months baby

# 寶寶章魚燒

這是一道不需要章魚燒烤盤的超簡單寶寶章魚燒！完全不加鹽也少油，稍微揉一揉丟到氣炸鍋就完成了。食材有透抽、高麗菜、海苔、麵粉等等，跟真正章魚燒相當類似的食材，所以味道真的很香、吃起來軟綿，比較接近日式章魚燒的口感。

保存期限：**冷凍 5 天**

分量：**約 6 顆**

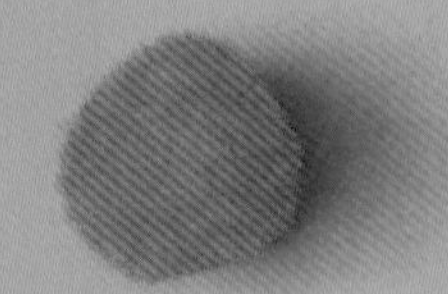

## 材料

透抽 … 20g
高麗菜 … 10g
馬鈴薯 … 90g
無鹽海苔 … 少許
中筋麵粉 … 15g
橄欖油 … 少許
寶寶醬油（可省略）… 適量
海苔粉（可省略）… 適量

## 作法

1. 先將透抽燙熟、切成碎細末（透抽口感較有韌性一定要切很細）。高麗菜切碎備用。
2. 馬鈴薯蒸熟，加入剪碎的無鹽海苔，以及透抽碎末、高麗菜碎末和麵粉，用手抓拌均勻。Ⓐ Ⓑ
3. 手上抹一點油，把章魚燒搓成小丸子的形狀，一顆約 20g。如果想要冷凍，這個階段就可以放進冷凍庫中保存。Ⓒ
4. 章魚燒的表面抹一點油，放入氣炸鍋以 180℃ 烤 12 分鐘。烤好後可以在表面刷一點寶寶醬油，也可以撒上一些海苔粉。

POINTS

- 透抽換成蝦仁也很好吃，一樣先燙熟切碎。當然也可以使用真的章魚，但記住一定要切碎才能給寶寶食用。
- 沒有氣炸鍋也可以改用烤箱，或是平底鍋加一點油，以小火慢煎到表面金黃。

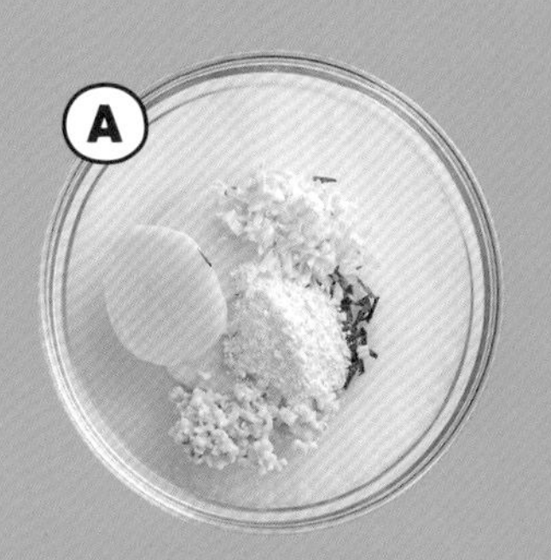
A

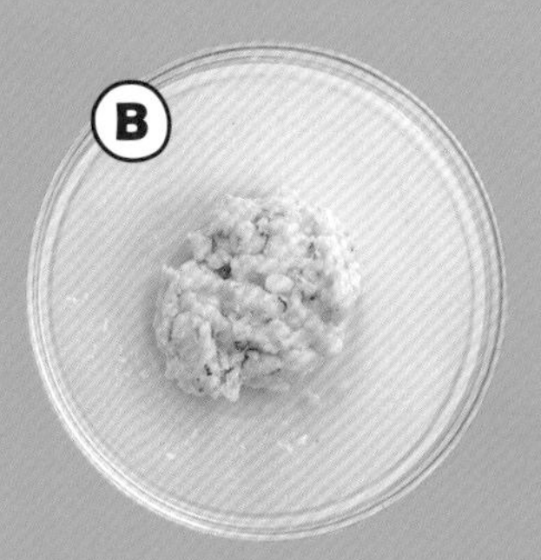
B

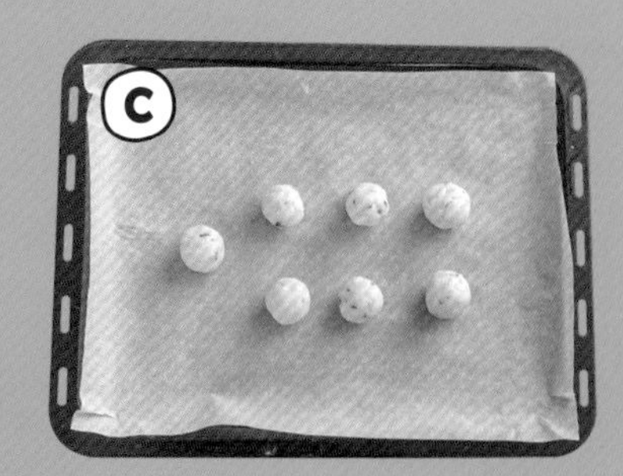
C

配菜

9 ~ 12 months baby

# 英式魚薯條

這次要讓寶寶吃看看英國著名的炸魚薯條！當然不會真的拿去油炸，而是低油且健康的寶寶版本。這裡使用含豐富 Omega-3 脂肪酸的鮭魚，外皮酥脆裡面多汁，讓吃膩清蒸魚的寶寶換換口味吧！鼓勵媽咪多提供不同口感的食物，有時候不是寶寶挑食而是受不了每天都吃水煮餐啦！

保存期限：**當餐吃完** | 分量：**寶寶的 1 餐**

## 材料

鮭魚片 … 3 片（約 90g）
無糖寶寶米餅 … 5g
中或低筋麵粉 … 10g
雞蛋 … 少許
橄欖油 … 適量

## 作法

1. 將鮭魚去刺、切成長條形（或是直接使用寶寶魚片）。
2. 把寶寶米餅用調理機攪碎或是用手捏碎。
3. 將切好的魚肉薄薄裹上一層麵粉，再沾裹蛋液，最後裹上碎米餅。
4. 平底鍋放多一點油，用小火慢煎至熟，表面金黃上色即可。

POINTS

- 如果覺得幫魚去刺很麻煩，市面上已經除好刺的寶寶魚片非常方便，可以直接拿來煮粥或煎熟。
- 這裡用碎米餅來取代麵包粉。市售麵包粉添加物較多，給寶寶食用的話我會比較推薦自製麵包粉（但比較費時）或是用寶寶米餅，成份很單純只有米而已。
- 這道料理可以搭配寶寶薯條（P.130），再簡單準備蔬菜和水果就完成一餐。

MAKE
FUN
DAY!

配菜

9 ~ 12 months baby

# 寶寶甜不辣

有機會一定要讓寶寶試試好吃的甜不辣，使用單純的魚肉和蝦肉製成，無糖無鹽，不必擔心添加物。因為加入鮮蝦，口感有彈性，不需要油炸，單純煎過就超級美味，可以多做一些放在冰箱中保存，隨吃隨取，讓媽咪備餐更輕鬆。

保存期限：**冷凍 5 天** ｜ 分量：**約 3 片**

**材 料**

鯛魚 … 25g　玉米粉 … 10g
蝦仁 … 40g　低筋麵粉 … 10g
蛋白 … 1 顆　橄欖油 … 少許

**作 法**

1 先將鯛魚除刺（或直接使用寶寶魚片）。

2 把鯛魚、蝦仁、蛋白、玉米粉、麵粉放入調理機中，攪打成細膩的魚泥。

3 把打好的魚泥倒進碗中，用筷子順著同一個方向攪拌約 2 分鐘。這樣能讓魚泥吃起來更有彈性，煎起來也不容易散。

4 鍋中放少許油，用湯匙挖一勺魚泥鋪成圓餅狀，再開小火慢煎，煎到兩面金黃就完成了。

POINTS

- 甜不辣可以多做一些，煎好放涼後密封冷凍保存，食用前稍微退冰，再用小火慢煎加熱。
- 可以將鯛魚換成任何白肉魚，如去皮鱸魚、石斑魚，但一定要記得仔細去刺。
- 也推薦在魚泥中加入汆燙過的蔬菜，例如：紅蘿蔔、玉米、花椰菜，做成蔬菜版本的甜不辣。

配菜

9 ~ 12 months baby

# 蔬菜月亮蝦餅

有吃過鬆軟口感的蝦餅嗎？這次的月亮蝦餅是特別設計給寶寶的，除了加入很多蔬菜，還使用發麵的方式，讓口感鬆鬆軟軟更適合寶寶。可以多做一些起來冷凍保存，不管是早餐還是點心，只要放進電鍋加熱一下，就可以享用到美味的蝦餅。

保存期限：**冷凍 5 天**
分量：**1 厚片，分切約 6 片**

**材料**

蝦仁 … 35g
花椰菜 … 20g
紅蘿蔔 … 10g
玉米粒 … 10g
中筋麵粉 … 100g
酵母粉 … 1.5g
水 … 100g
橄欖油 … 少許

**POINTS**

- 蔬菜可以自由變換，只要先煮熟就好。蝦子也可以換成豬絞肉或是牛絞肉。
- 若家中沒有小鍋子，也可以把發酵好的麵糊倒入擠花袋中，剪一個小孔後，擠成一個個小餅煎熟。

**作法**

1. 酵母用溫水化開，再倒入麵粉中攪拌均勻（這裡加的水比較多，麵糊看起來會很濃稠）。將麵糊以烤箱發酵功能發酵約 50 分鐘，直到變成 二倍大（或放置室溫中發酵至二倍大）。Ⓐ Ⓑ
2. 把花椰菜、紅蘿蔔燙熟，和蝦仁、玉米一同放入調理機中攪碎或是用刀切碎。Ⓒ
3. 取出發酵好的麵糊，如果看見裡面充滿大氣泡代表發酵完成，稍微攪拌一下排氣，加入蔬菜和蝦仁末。Ⓓ
4. 準備一支小一點的鍋子，倒入少許油，放入麵糊，蓋上鍋蓋小火慢煎，發酵過後的麵糊會膨脹變成軟軟的餅，煎約 3 分鐘，翻面再煎 3 分鐘，煎到兩面金黃、中間熟透就完成了（用筷子插入再取出，上面沒有黏黏生麵糊）。Ⓔ Ⓕ

配菜

9 ~ 12 months baby

# 冬瓜丸子

這是一道只用冬瓜和豆腐兩樣簡單的食材就能完成的料理，口感軟嫩有冬瓜淡淡的清甜，是寶寶接受度很高的味道。做成丸子的形狀，表皮煎得金黃不易散開，寶寶很容易抓握，是一個很好的手指食物選擇。

保存期限：**冷凍 5 天** | 分量：**約 6 個**

## 材料

冬瓜 … 50g
板豆腐 … 60g
薑末 … 少許（可省略）
中或低筋麵粉 … 5g
玉米粉 … 5g
橄欖油 … 適量

## 作法

1. 先將冬瓜去皮，用刨絲器刨成絲，滾水汆燙約 1 分鐘，撈出後擠掉水分。
2. 把擠掉水分的冬瓜絲和板豆腐、薑末、麵粉、玉米粉，充分攪拌均勻。
3. 手上沾一點油，搓成小丸子。
4. 鍋中放入多一點油，放入搓好的小丸子，以小火煎到表面金黃就完成了。

**POINTS**

- 冬瓜和板豆腐的味道清爽，除了加一點薑增添香氣，也可以改加蔥花或是香菜。
- 麵粉的量要隨麵團的狀態調整，如果太水無法搓成團可以適度再加麵粉，搓的時候手上要抹油才不會黏手喔！
- 豆腐使用水分較少的板豆腐，如果用嫩豆腐會不好成型。

配菜

9 ~ 12 months baby

# 韓式櫛瓜煎餅

這道櫛瓜煎餅也是讓寶寶吃蔬菜的好幫手，它沒有濃烈的菜味，多汁而且口味清甜。不愛吃菜菜的寶寶可以先從這道料理開始練習，這個滋味連大人的我都很喜歡，推薦給晚餐不知道要煮什麼的爸媽們，很適合全家大小一起享用喔！

保存期限：**當餐吃完** | 分量：**適合 1 個成人和 1 個寶寶**

**材料**

櫛瓜 … 110g
中筋麵粉 … 10g
雞蛋 … 少許
橄欖油 … 少許

**作法**

1. 先將櫛瓜切成約 1 公分厚的圓片。
2. 將櫛瓜片和麵粉一起放入袋子中，搖一搖讓每一片櫛瓜都裹滿麵粉。
3. 碗中打入雞蛋攪散，把每一片櫛瓜都沾上蛋液，鍋中倒入油，以小火煎到兩面金黃就完成了。

**POINTS**

- 可以先將寶寶的那一份做好，剩餘的加一點鹽，做成大人版的菜色。
- 橄欖油可以換成葵花籽油，或任何寶寶平常吃習慣的油。

THE Relaxing Time
MAKE FUN DAY
THE Relaxing Time

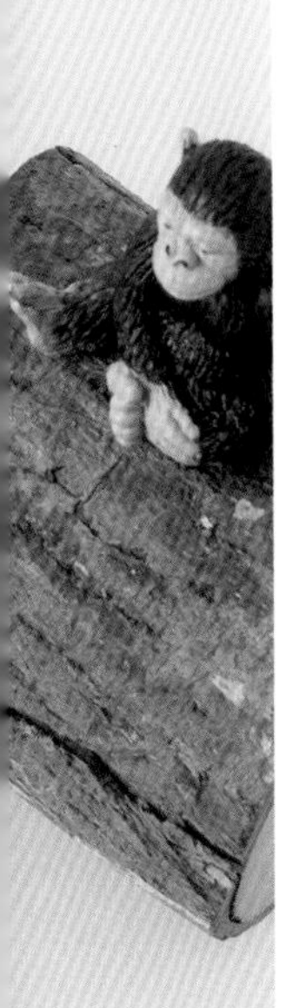

點心

9 ~ 12 months baby

# 美國花生果醬捲

果醬搭配花生醬，吃過就回不去了。花生果醬三明治在美國很常見，更是受到許多小孩的喜愛，只要調整成無糖的版本，寶寶也可以盡情享用。這道料理簡單又快速，也很適合外帶，帶出去野餐是一個很不錯的選擇。

保存期限：**當餐吃完** | 分量：**寶寶的 1 餐**

### 材料

全麥吐司 … 1～2 片
無糖花生醬 … 少許
草莓丁或草莓醬 … 25g
雞蛋液 … 少許
無鹽奶油 … 少許

### 作法

1. 先將全麥吐司用擀麵杖擀平擀薄。
2. 在吐司上方塗一層花生醬、鋪一層切成小碎丁的草莓（或草莓醬），然後捲起來。
3. 碗中打入雞蛋攪散，把吐司捲均勻裹上蛋液。
4. 鍋中放入少許奶油，開小火把吐司捲煎熟，切塊就可以享用了。

POINTS

- 給寶寶食用的吐司要看清楚成分，選擇成分天然且低糖或無糖的麵包。
- 因草莓醬含糖，一歲以上的寶寶較適合食用，若是給未滿一歲的寶寶吃，建議用新鮮草莓，切成碎丁即可。果醬也要盡量選擇低糖且添加物少的產品。
- 無鹽奶油可以換成橄欖油，或任何寶寶平常吃習慣、口味淡的油。
- 若是第一次食用花生的寶寶，請先少量試敏。

點心

9 ~ 12 months baby

# 無糖南瓜蛋塔

一般的蛋塔對寶寶來說太甜了，這裡教媽咪一個簡單的方法，不用揉麵就可以做出無糖低油又富含纖維的寶寶蛋塔。平時當點心，或是再準備青菜和肉配著當早餐都很好。一歲以上的寶寶，可以在蛋液中加入少量的糖，做成低糖版本！

保存期限：**冷藏 2 天**
分量：**約 4 個**

### 材料

栗子南瓜 … 110g
低筋麵粉 … 45g
牛奶或配方奶 … 40g
雞蛋 … 1 顆

### 作法

1. 先將南瓜蒸熟、瀝乾水分，靜置一下讓水氣散掉，再加入低筋麵粉，攪拌均勻成麵團（此麵團較黏，手上需抹油再塑形）。Ⓐ Ⓑ
2. 在耐熱模具內刷一層油，手也抹油防沾黏，將麵團放入捏成杯狀。Ⓒ
3. 把牛奶和雞蛋攪拌均勻並過篩兩次後，倒入蛋塔皮中。Ⓓ Ⓔ
4. 放入預熱好的烤箱中，以 180℃烤 20 分鐘即完成。Ⓕ

POINTS

- 蛋塔含有雞蛋，不宜冷藏過久，建議盡早食用完畢。
- 冷藏過後可以直接冷吃，或用烤箱回烤加熱。
- 栗子南瓜比較甜且含水量較少，做出來比一般南瓜甜。不喜歡南瓜也可以改成地瓜。
- 牛奶也可以改用無糖豆漿或是杏仁奶，低筋麵粉可以改成燕麥粉，讓膳食纖維更豐富。

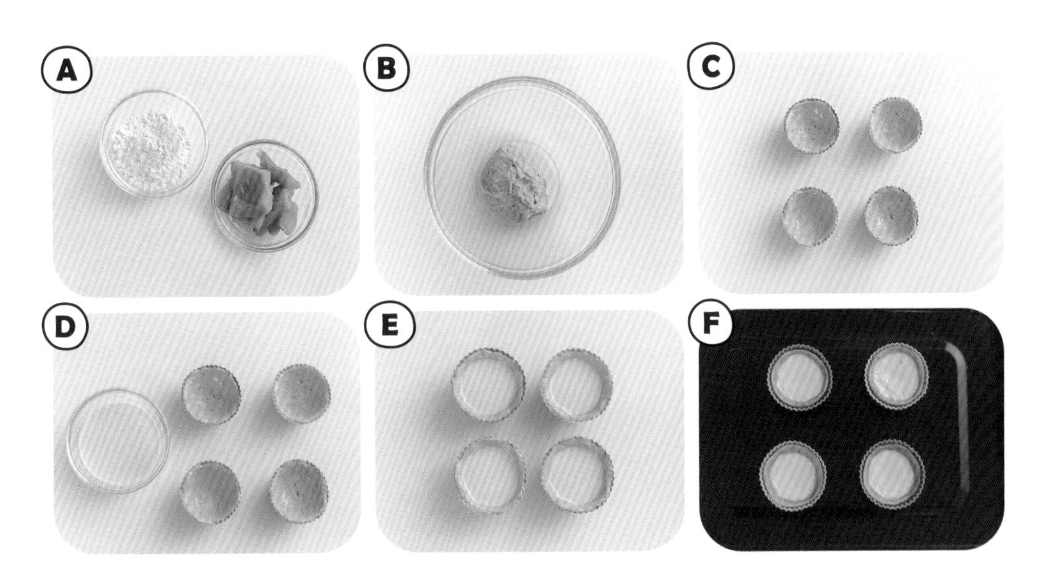

點心

9 ～ 12 months baby

# 無糖小泡芙

無糖小泡芙是我最推薦的寶寶點心，非常健康的小零食。內餡還可以依個人口味調配，做成高纖又香甜的地瓜，或是芋泥、南瓜泥、果泥等等。一次做好寶寶可以吃個三天，真的超級簡單方便。烤的過程看著泡芙一顆顆膨脹，媽媽也感到很療癒～

保存期限：**冷藏 3 天**
分量：**約 80 顆**

9 ~ 12 months baby

# 椰棗糕

如果問我最愛哪道食譜的話，椰棗糕絕對是我的前三名。不需要額外加糖也超級好吃，作法又簡單，我甚至會多做一些給自己享用。除了當小點心，也很適合當寶寶的主食，如果吃膩飯或麵時可以試試看喔。

保存期限：**冷凍 5 天**
分量：**1 大塊，分切約 6 片**

# 無糖小泡芙

### 材料

**泡芙殼**

清水 … 130g

無鹽奶油 … 30g

低筋麵粉 … 70g

雞蛋 … 2 顆

**內餡**

熟地瓜 … 70g

牛奶或配方奶 … 20g

### 作法

1. 鍋中放入清水和無鹽奶油，開中火煮到奶油融化。Ⓐ
2. 鍋中開始沸騰冒泡後離火，馬上加入過篩後的麵粉攪拌，讓麵粉糊化（糊化是指麵粉和水混合後，隨著溫度的上升轉變成膠狀固體）。Ⓑ
3. 將雞蛋打散，蛋液分次少量加入麵糊中攪拌。Ⓒ
4. 讓麵糊充分吸收蛋液到用刮刀刮起時，麵糊呈現倒三角下垂的狀態。Ⓓ Ⓔ
5. 將麵糊裝入擠花袋中，裝上星星花嘴。烤盤中鋪烘焙紙，擠入麵糊約五元硬幣大小。因為烘烤後會膨脹，每顆麵糊之間要稍微保持距離。Ⓕ Ⓖ
6. 放進預熱好的烤箱中，先以 190℃烤 8 分鐘，再以 170℃烤 12 分鐘。Ⓗ
7. 將內餡材料的地瓜壓成泥，過篩一遍後，跟牛奶混拌後，放入擠花袋中。用筷子在烤好的泡芙殼背面戳洞，擠入內餡即完成。Ⓘ Ⓙ

**POINTS**

- 泡芙殼吃不完可以冷藏保存，吃之前再用烤箱回烤，恢復酥脆的口感。
- 內餡建議要吃之前再擠，若有加配方奶的話不建議放太久喔！
- 內餡也可換成果醬、蘋果泥等，依照喜好做出不同口味。
- 烘烤時間僅供參考，因為各家烤箱有溫度差異，泡芙大小也不同，實際烘烤時需要定期察看。

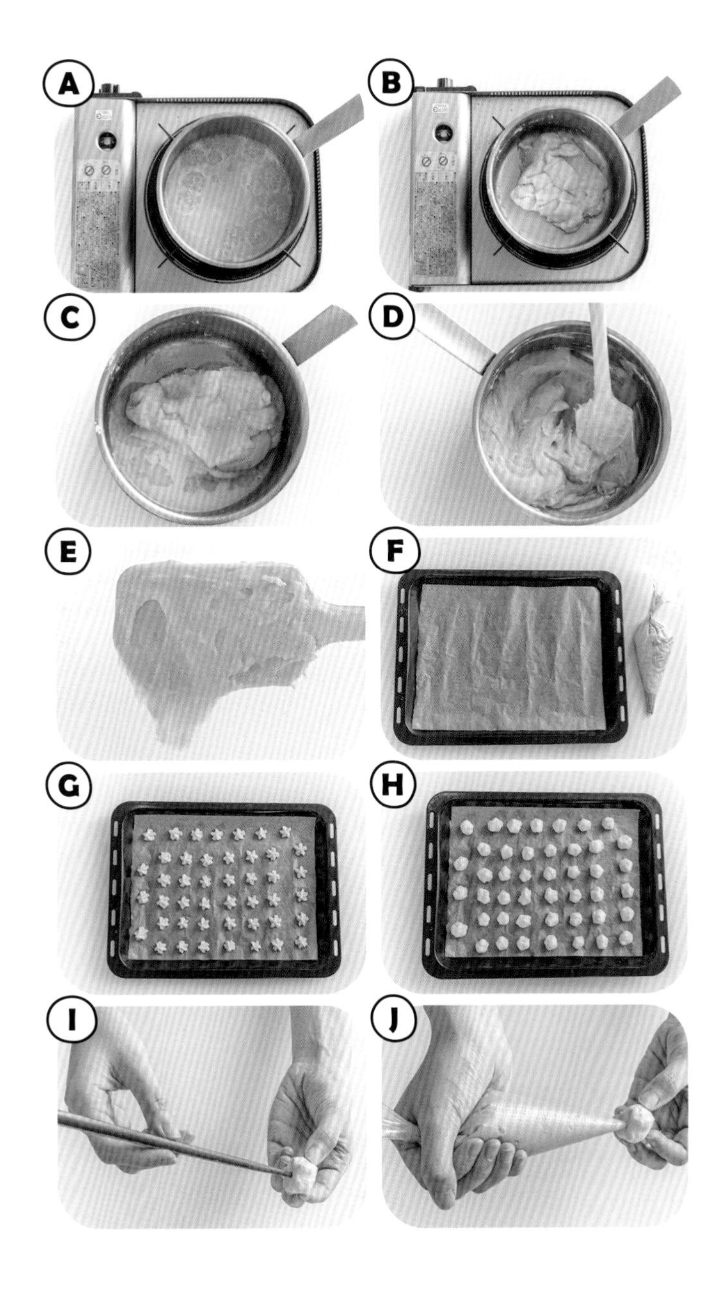
A
B
C
D
E
F
G
H
I
J

# 椰棗糕

## 材料

椰棗 … 10 顆（約 65g）
水 … 50g
雞蛋 … 2 顆
低筋麵粉 … 90g
泡打粉 … 2.5g
葵花油 … 12g

## 作法

1. 把椰棗放入碗中，倒入 50g 的水微波加熱 1 分鐘。加熱後的椰棗會變軟，把籽取出，若是覺得椰棗皮很硬也可以順便去皮。
2. 把去籽的椰棗跟剛剛 50g 的水用調理棒打成泥。接著加入雞蛋，用電動打蛋器開高速打到蛋液變白、膨脹到二倍大，大約需要 3 分鐘以上。Ⓐ Ⓑ
3. 把過篩後的麵粉、泡打粉加入打發的蛋液中，用刮刀翻拌。記得用切拌的方式，不要用力攪拌會消泡。攪拌到沒有乾粉後倒入葵花油拌勻。Ⓒ Ⓓ
4. 容器中墊烘焙紙，倒入麵糊。放入預熱好的烤箱中，以 130℃烤 35 分鐘，烤好後用筷子插到蛋糕體中再取出，沒有麵糊沾黏就代表熟了。Ⓔ Ⓕ

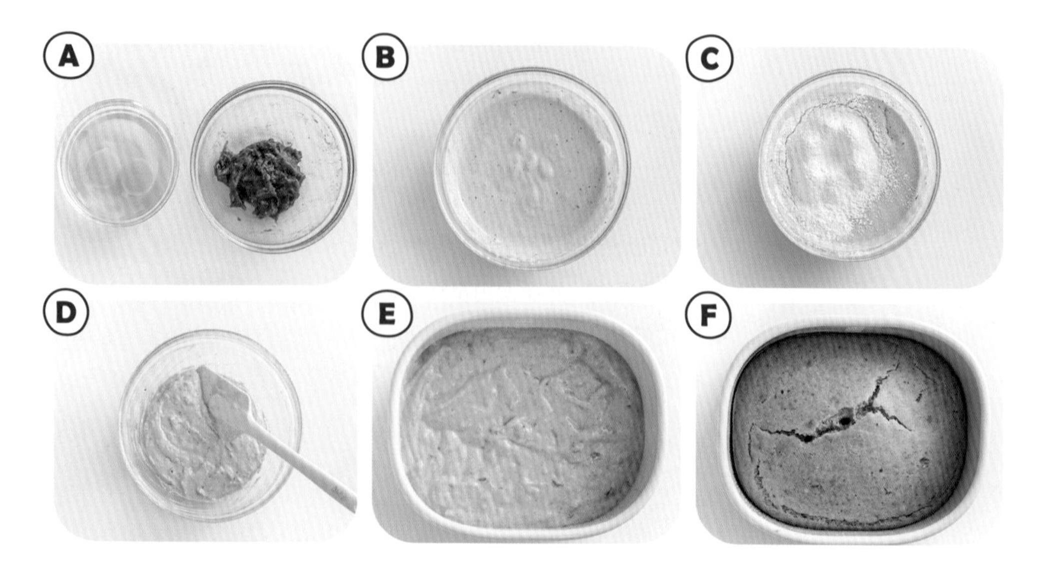

POINTS

◆ 椰棗含鐵、鈣、維他命 A、$B_2$，營養很豐富，大賣場普遍都有販售，若是沒有也可以用紅棗（記得去籽）代替。

◆ 沒有葵花油也可以用無鹽奶油或是沒有味道的植物油。

◆ 打發蛋液需要一點時間（高速打發至少 3 分鐘），一定要使用電動攪拌器，用手打很難做到。

◆ 若冷凍後，建議使用電鍋加熱。

點心

9 ~ 12 months baby

# 芝麻香蕉小餅

如果你家的寶寶喜歡吃饅頭的話，這道香蕉小餅他也一定會喜歡。作法跟饅頭有點像，但是味道更甜還有香蕉的香氣，煎過後味道也更濃郁。推薦多做一點，因為很容易保存，不管是早餐晚餐點心來一塊都很適合！

保存期限：**冷凍 5 天** ｜ 分量：**約 10 個**

## 材料

香蕉 … 半根（約 65g）
雞蛋 … 1 顆
中筋麵粉 … 150g
酵母粉 … 1.5g
黑芝麻粒 … 少許
橄欖油 … 少許

## 作法

1. 先把香蕉和雞蛋打成泥。
2. 麵粉中加入酵母粉、黑芝麻攪和後，加入香蕉泥拌勻，最後揉成光滑的麵團。
3. 蓋上保鮮膜，用烤箱發酵功能發酵 45 分鐘，直到麵團變二倍大。
4. 把發酵好的麵團擀成約 1 公分厚的麵餅，再用喜歡的餅乾模具壓模成小餅。
5. 壓好的麵餅蓋上保鮮膜，再發酵 10 分鐘。
6. 鍋中放入少許油，把發酵好的麵餅輕輕放入鍋中，蓋上鍋蓋小火慢煎到中間熟透、兩面金黃即完成。

POINTS

- 麵粉的用量要根據麵團的溼度做調整，黏手就多加一點粉，太乾可以加一點牛奶。
- 把麵團揉到光滑有個祕訣，就是先把麵團靜置 10 分鐘後再揉，麵團會更柔軟，也很容易揉光滑，至少要揉 3 分鐘喔！
- 我使用烤箱發酵功能發酵 45 分鐘，若放室溫的話，要依據溫度調整發酵時間，冷一點的天氣需延長發酵時間。第一次嘗試時要多觀察，若是聞起來麵團發酸就表示發酵過頭。

9 ~ 12 months baby

# 蘋果司康

這道蘋果司康在我的 IG 分享後得到非常多的回饋，好多媽咪跟我說寶寶好喜歡，而且連爸爸都搶著吃！這邊使用嫩豆腐取代一般司康用的大量奶油，吃起來濕潤鬆軟，寶寶也咬得動。水果本身的甜度就夠香甜可口了，不需要額外加糖。

保存期限：**冷藏 2 天** | 分量：**6 個**（適合 2 個大人和 1 個寶寶）

### 材料

蘋果 … 100g
嫩豆腐 … 45g
無鹽奶油 … 30g
低筋麵粉 … 100g
泡打粉 … 3g
葡萄乾 … 20g
蛋黃液 … 少許

### 作法

1. 將蘋果切成小丁備用。給小一點的寶寶吃時，可以用刨絲器把蘋果刨成絲。
2. 無鹽奶油在室溫中軟化後，加入嫩豆腐攪拌，然後加入過篩後的低筋麵粉、泡打粉，最後加入切好的蘋果丁和葡萄乾用手抓拌均勻。
3. 用手把麵團整成長方形，切成 6 塊。放入鋪好烘焙紙的烤盤中，上方塗一層薄薄蛋黃液。
4. 放進預熱好的烤箱中，以 190℃ 烤 20 分鐘即可。

### POINTS

- 每家烤箱的溫度略有差異，烘烤時多觀察一下防止烤焦喔！
- 用新鮮水果做出來的點心，建議儘早食用風味較佳。吃不完可以冷藏最多 2 天，食用前再用烤箱稍微加熱。
- 給一歲以上的寶寶吃，可以加一點糖調味。

點心

9 ~ 12 months baby

# 芝麻奶凍

天氣熱了就很適合來一點冰涼的點心！使用玉米粉製作的口感跟一般布丁不同，非常軟綿，夏天炎熱時可以試著做做看喔！寶寶長牙牙齦腫脹時，也可以吃點奶凍舒緩一下。

保存期限：**冷藏 2 天** | 分量：**依模具大小而異**

**材料**

牛奶 … 200g
黑芝麻 … 10g
玉米粉 … 20g
低鈉起司 … 1 片

**作法**

1. 將牛奶加黑芝麻打成芝麻牛奶。
2. 把芝麻牛奶加入玉米粉、起司片，放入鍋中小火煮。煮的過程牛奶會越來越濃稠，需要用鍗子不斷攪拌才不會燒焦。
3. 煮到黏稠狀關火，趁熱倒入喜歡的模具中（建議底部鋪烘焙紙，比較方便脫模；我是使用耐熱矽膠模具，做成 20 顆約櫻桃大小的迷你奶凍）。放進冰箱冷藏一夜（或至少 4 小時）即完成。

**POINTS**

- 一歲前的寶寶不可以直接喝鮮奶來取代配方奶，但是少量放進料理中是沒問題的。若是不喜歡也可以直接使用配方奶或無糖豆漿做。記得若是使用配方奶，一天內要食用完畢。
- 低鈉起司可以增加風味，給一歲以上的寶寶吃，還可以加少許糖調味。

點心

9 ~ 12 months baby

# 寶寶週歲蛋糕

這道寶寶版生日蛋糕，是這本書的最後一道食譜。小寶貝要滿一歲的時候，我很想要幫他辦個派對大大慶祝一下，只不過派對不可或缺的蛋糕對寶寶來說都太過甜膩。嘗試了好多方法，最後終於研究出這款低糖蛋糕！不只少糖低油，更棒的是還不加鮮奶油，清爽無負擔，很適合用來迎接寶寶的第一個生日。

保存期限：**冷藏 2 天**
分量：**一個 4 吋小蛋糕**

Happy
Birthday

### 材料

**蛋糕體**

無鹽奶油 … 20g
香蕉 … 125g
雞蛋 … 1 顆
低筋麵粉 … 40g
泡打粉 … 2g

**內餡&裝飾**

山藥 … 150g
牛奶 … 60g
葡萄 … 適量
蔓越莓乾 … 適量

### 作法

1. 無鹽奶油加熱融化備用。先將香蕉、雞蛋一同放入調理機中打成泥，再加入過篩的麵粉、泡打粉及無鹽奶油，攪拌均勻即可。Ⓐ Ⓑ
2. 在 4 吋蛋糕模底部鋪上烘焙紙，倒入蛋糕麵糊，刮平表面後，在桌面上敲一敲震出氣泡。Ⓒ
3. 放入預熱好的烤箱中，以 180℃烤約 35 分鐘。烤好的蛋糕放涼備用。Ⓓ
4. 山藥蒸熟後用篩網過篩，再加入牛奶攪打成細密的泥狀，做成寶寶版的鮮奶油，裝進擠花袋中。Ⓔ
5. 將蛋糕橫切剖半，並把表面修平整。先在其中一片蛋糕上塗抹山藥泥，然後擺上葡萄與蔓越莓乾，再抹一層山藥泥，蓋上另一片蛋糕。Ⓕ
6. 在蛋糕表面均勻抹一層山藥泥，再用山藥泥在上面擠花裝飾，即完成寶寶蛋糕。

POINTS

- 做好的蛋糕儘早吃完，風味最佳。
- 每一家烤箱的溫度都有差異，過程中需注意蛋糕的烘烤程度，以免烤過頭。
- 內餡與裝飾用的水果，可以自行替換成寶寶喜歡或當季的水果。

# 結語

這本書的完成，
首先感謝與我一路走來的可靠先生，
也謝謝我的兒子頒頒。
我是在當了媽媽後才開始學做菜，
從懷孕生產到餵奶、副食品，
育兒之路上數不盡的關卡，
卻也同時獲得了更多的快樂與成長。
手指食物曾經在我面臨副食品的混亂時，
讓我得以喘口氣，
也和我的孩子擁有很多美好的餐桌時光。
感謝大家的支持，
也希望能將這份感動分享給你們。

台灣廣廈國際出版集團
Taiwan Mansion International Group

國家圖書館出版品預行編目（CIP）資料

原味太太的寶寶手指食物：6個月開始就能自己吃！自製好抓握、營養多樣化的72道副食品，讓孩子在BLW中探索五感，快樂吃、健康成長！/原味太太著. -- 初版. -- 新北市：台灣廣廈, 2022.12
面； 公分
ISBN 978-986-130-560-8
1.CST: 育兒 2.CST: 小兒營養 3.CST: 食譜

428.3 111015165

# 原味太太的寶寶手指食物

## 6個月開始就能自己吃！自製好抓握、營養多樣化的72道副食品，讓孩子在BLW中探索五感，快樂吃、健康成長！

**作　　者**／原味太太
**攝　　影**／Hand in Hand Photodesign
璞真奕睿影像

**編輯中心編輯長**／張秀環・**編輯**／蔡沐晨・許秀妃
**封面・內頁設計**／曾詩涵
**內頁排版**／菩薩蠻數位文化有限公司
**製版・印刷・裝訂**／東豪・弼聖・秉成

**行企研發中心總監**／陳冠蒨
**媒體公關組**／陳柔彣
**綜合業務組**／何欣穎

**線上學習中心總監**／陳冠蒨
**數位營運組**／顏佑婷
**企製開發組**／江季珊、張哲剛

**發 行 人**／江媛珍
**法律顧問**／第一國際法律事務所 余淑杏律師・北辰著作權事務所 蕭雄淋律師
**出　　版**／台灣廣廈
**發　　行**／台灣廣廈有聲圖書有限公司
地址：新北市235中和區中山路二段359巷7號2樓
電話：（886）2-2225-5777・傳真：（886）2-2225-8052

**代理印務・全球總經銷**／知遠文化事業有限公司
地址：新北市222深坑區北深路三段155巷25號5樓
電話：（886）2-2664-8800・傳真：（886）2-2664-8801
**郵政劃撥**／劃撥帳號：18836722
劃撥戶名：知遠文化事業有限公司（※單次購書金額未達1000元，請另付70元郵資。）

■出版日期：2022年12月
ISBN：978-986-130-560-8

■初版9刷：2024年8月
版權所有，未經同意不得重製、轉載、翻印。

Complete Copyright © 2022 by Taiwan Mansion Publishing Co., Ltd.
All rights reserved.